CHIMIE ORGANIQUE

ESSAI ANALYTIQUE

SUR LA

DÉTERMINATION DES FONCTIONS

PAR

M. P. CHASTAING

Docteur ès sciences
Pharmacien des Hôpitaux
Professeur agrégé à l'École Supérieure de Pharmacie de Paris.

ET

M. E. BARILLOT

Ancien élève du Laboratoire de Chimie du Collège de France.

PARIS

OCTAVE DOIN, ÉDITEUR

8, PLACE DE L'ODÉON, 8

1888

CHIMIE ORGANIQUE

CHIMIE ORGANIQUE

ESSAI ANALYTIQUE

SUR LA

DÉTERMINATION DES FONCTIONS

PAR

M. P. CHASTAING

Docteur ès sciences
Pharmacien des Hôpitaux
Professeur agrégé à l'École Supérieure de Pharmacie de Paris.

ET

M. E. BARILLOT

Ancien élève du Laboratoire de Chimie du Collège de France.

PARIS

OCTAVE DOIN, ÉDITEUR

8, PLACE DE L'ODÉON, 8

—

1887

PRÉFACE

———

Les traités de chimie analytique ont eu l'avantage de permettre à tous ceux qui, par goût ou par situation, se livrent à l'étude de la chimie, d'aborder cette science à ce point de vue spécial.

L'utilité des recherches analytiques est incontestable, car elles doivent inévitablement développer les connaissances théoriques.

L'application des méthodes analytiques aux corps minéraux est chose insuffisante, et l'on devait chercher à rendre des procédés de même ordre applicables aux corps organiques.

Sans qu'il soit besoin de réfléchir longuement, la merveilleuse classification des composés du carbone en *fonctions* apparaît comme base de

1

toute méthode générale d'analyse des corps organiques. La fonction d'un corps étant déterminée, un travail fructueux devient souvent facile.

Ce modeste *Essai analytique sur la* DÉTERMINATION DES FONCTIONS s'adresse surtout aux chercheurs qui, loin des centres universitaires, qui, loin des conseils des maîtres, s'adonnent à la chimie organique. De plus, il peut être utile aux étudiants, dont la tendance trop générale est malheureusement de ne voir que des cas particuliers dans chacun des corps dont ils font l'étude. La multiplicité des composés organiques fait prévoir qu'un tel mode de travail est forcément imparfait tandis que la considération attentive des propriétés générales donne un tout autre résultat ; or, cet essai traite uniquement des propriétés générales.

Il est divisé en deux parties :

La première partie contient quelques notions abrégées sur l'analyse immédiate, l'analyse élémentaire et les propriétés physiques des corps. Elle est terminée par un chapitre concernant l'emploi des réactifs et leur mode d'action. Ces notions sont les bases premières sur lesquelles il convient de s'appuyer pour appliquer à un corps l'ensemble des réactions qui conduisent à en préciser la fonction.

La seconde partie traite des fonctions elles-mêmes. Dans le premier chapitre, une méthode simple permet d'établir la fonction probable du corps examiné ; elle renvoie ensuite aux chapitres propres à chacune d'elles. Dans les chapitres suivants, on trouve quelques généralités sur la fonction envisagée, puis les réactions permettant d'effectuer, soit la séparation, soit la détermination précise des composés définis.

Les formules sont écrites en équivalents et en notation atomique. Quelques considérations hypothétiques et certains développements théoriques ont été présentés en formules atomiques, ce mode d'interprétation s'y prêtant plus facilement.

Puissent les conseils, donnés dans ce livre, éviter à quelques-uns des recherches longues et pénibles, faciliter aux commençants l'étude de la chimie organique. Tel a été le seul but de nos efforts !

INTRODUCTION

Le nombre des éléments qui constituent les composés organiques est relativement restreint, et cependant il existe une quantité presque indéfinie de composés carbonés ! Ceci tient à la propriété que possèdent les équivalents ou les atomes de carbone de s'unir les uns aux autres et de former ainsi des groupes multiples qui subsistent intacts à travers toute une série de réactions et se comportent comme le ferait un simple atome.

L'attention des chimistes avait été attirée sur ce point dès l'origine.

Lavoisier le premier émit une idée théorique sur la constitution des composés élaborés par les végétaux ; il pensa que l'oxygène était uni à ce que nous appelons aujourd'hui un radical, formé de carbone et d'hydrogène; les composés organiques connus à l'époque de Lavoisier avaient donc pour ce chimiste une constitution comparable à celle des composés étudiés dans le règne minéral. — Toute sa théorie est résumée par la phrase suivante : « *Les oxydes et les acides végétaux sont des oxydes et des acides hydrocarboneux* » : le sucre et l'amidon étaient alors des oxydes végétaux; les acides dérivaient des oxydes, et se différenciaient entre eux par la proportion de carbone, d'hydrogène et leur degré d'oxygénation. L'idée première des radicaux est donc due à Lavoisier. A cette manière de voir Berzelius appliqua sa *théorie électrochimique*.

Les travaux entrepris par Vauquelin, Fourcroy, de Saussure, Boullay père, Gay-Lussac et Thenard, contribuèrent à faire mieux connaître les composés organiques.

MM. Dumas et Boullay fils étudièrent la transformation des alcools en éthers et publièrent leur fameuse théorie de l'éthérène dans laquelle ils comparent les dérivés de l'alcool aux sels ammoniacaux, tant au point de vue de leur formation qu'au point de vue de leur constitution.

Puis vint le travail de Liebig et Wœhler sur l'essence d'amandes amères : à partir de cette époque la notion des radicaux telle que nous la concevons aujourd'hui entrait dans la science.

Berzelius l'appliqua à la notation de l'alcool et de tous ses dérivés ; il nomma « *éthyle* » le groupement transportable de ces combinaisons ; l'alcool et ses dérivés furent alors comparés aux sels d'un métal. Mais il revint à l'idée que des radicaux organiques composés ne pouvaient renfermer aucun élément électro-négatif. Il appliquait à la chimie organique les principes de polarité qu'il soutenait en chimie minérale et considérait les corps organiques comme formés de deux gróupes, l'un renfermant tout l'élément électro-négatif et jouant le rôle de *base*, l'autre ne contenant que des éléments électro-négatifs et jouant le rôle d'*acide*.

Cette théorie devait obliger Berzelius à inventer une quantité innombrable de nouveaux groupements fictifs : le sens des réactions était défiguré.

Force fut donc à l'illustre chimiste suédois de modifier encore cette notation ; Berzelius admit alors qu'il existait dans les corps organiques deux *composés distincts*, combinés ou « *copulés* » ; l'un, le *composé actif*, possédant la propriété de s'unir à tous les corps ; l'autre, la *copule*, ne possédant aucune force de combinaison par elle-même et accompagnant toujours la partie active dans ses réactions.

On arriva ensuite à la théorie des substitutions et des types, théories d'où sont sorties les doctrines modernes de la chimie organique.

Gay-Lussac constata que lorsqu'on traite la cire par le chlore, elle blanchit, perd de l'hydrogène et que cet hydrogène est remplacé par du chlore.

Dumas observa le même phénomène avec l'essence de térébenthine, avec l'éthylène; il formula la *Loi des substitutions*, mais sans y attacher d'abord beaucoup d'importance. Il ne vit pas primitivement quel parti on pouvait tirer de cette belle découverte. Aug. Laurent, à la suite de ses recherches touchant l'action du chlore, du brome, de l'acide nitrique sur la naphtaline, en montra toute la portée. M. Dumas ne partagea point les idées de son élève, il ne vit dans la loi des substitutions qu'une « *loi empirique, exprimant une relation entre l'hydrogène qui s'en va et le chlore qui entre* »; il taxa « *d'exagération outrée* » le développement donné par Laurent à sa loi des substitutions.

Laurent à la suite de ces considérations publie sa *Théorie des noyaux;* c'est aussi dans les écrits de Laurent qu'apparaît pour la première fois la notion de « *Série* »; c'est lui qui a le premier com-

paré à l'eau certains oxydes minéraux et organiques, comparaison confirmée par les découvertes
de Williamson sur l'éthérification (1851) : là était
le germe de la *Théorie des types*, établie quelque
temps après par Dumas.

Les types chimiques étaient pour Dumas des
groupes naturels de composés ayant des propriétés communes et renfermant le même nombre
d'atomes d'éléments combinés de la même façon.

Les types mécaniques, imaginés par Regnault,
différaient des types chimiques en ce que les composés bien que constitués d'une façon analogue au
point de vue du nombre et de l'équivalence des
éléments différaient entre eux par leurs propriétés.

Après cette théorie des types viennent les théories de Persoz, Loëwig, Graham : elles sont tombées
dans l'oubli.

Gerhardt adopta les idées de Laurent sur les
substitutions, celles de Dumas sur les types chimiques ; généralisant davantage il compara tous
les composés organiques jusqu'alors étudiés à
quatre composés fondamentaux biens connus :
l'hydrogène, l'acide chlorhydrique, l'eau, l'ammoniaque. Il posa en principe l'égalité des volumes moléculaires conformément à l'hypothèse
d'Avogadro et d'Ampère.

1.

Les idées de Gerhardt sont le fondement des théories actuellement admises en chimie organique.

Depuis, l'établissement de la triatomicité alcoolique de la glycérine, les travaux sur la synthèse organique et la mécanique chimique par M. Berthelot, la découverte du glycol par M. Wurtz, l'extension des doctrines concernant l'atomicité, la saturation relative des éléments développée en France surtout par M. Wurtz et en Allemagne par M. Kekulé sont les grands faits qui ont le plus contribué à donner à la chimie organique le caractère doctrinal qu'elle possède aujourd'hui.

DIVISIONS GÉNÉRALES

Nous diviserons ce volume en deux parties :

Dans la première partie on résumera les connaissances générales dont on a besoin dans l'étude des corps organiques. Ce résumé ne comprendra que les choses les plus essentielles, celles qu'il est nécessaire d'avoir toujours présentes à l'esprit au cours de recherches pratiques. Les ouvrages à consulter seront du reste indiqués, afin de permettre au lecteur de trouver, si besoin est, le complément des notions exposées. On ne doit donc s'attendre à trouver dans cette première partie que des *notions incomplètes* il est vrai, mais ordinairement suffisantes.

Dans la seconde partie on fera l'étude analytique des fonctions.

PREMIÈRE PARTIE

GÉNÉRALITÉS

Avant de chercher à déterminer quelle est la fonction d'un corps obtenu, il est de la plus grande utilité d'avoir bien présentes à la mémoire les données générales que nous allons rappeler brièvement.

Car il faut savoir tirer de l'examen des propriétés physiques, de la détermination des constantes spécialement, tout le bénéfice possible.

Il y a en effet des relations assez précises entre la formule d'un composé carboné et les points de fusion ou d'ébullition, l'état gazeux, liquide ou solide de la substance.

Il importe de connaître les principes de l'analyse immédiate, et de connaître exactement quels caractères établissent une espèce chimique.

De plus, la détermination qualitative des éléments doit être faite avec le plus grand soin. L'oxygène étant généralement dosé par différence, on compterait dans les résultats de l'analyse quantitative, comme oxygène, toute perte résultant d'une erreur en moins dans le dosage des autres éléments.

Inversement, les erreurs en plus dans le dosage des éléments affectent en moins la proportion d'oxygène.

Il sera bon pour ceux qui n'ont point l'habitude de l'analyse élémentaire d'être prévenus de certaines causes d'insuccès, faciles du reste à éviter.

Enfin, il faut connaître les réactifs qu'on fait le plus ordinairement agir sur les corps organiques; on indiquera les principaux, leur mode d'emploi et leur mode d'action.

Cette première partie : *Généralités*, comprendra donc des notions générales sur :

I. Analyse immédiate. — Espèce chimique. **Chapitre Premier.**

II. Détermination qualitative des éléments contenus dans les principes immédiats. **Chapitre II.**

III. Détermination quantitative de ces mêmes éléments. — Analyse élémentaire. — Etablissement de la formule d'un corps organique. **Chapitre III.**

IV. Propriétés physiques des corps organiques. — Isomérie. **Chapitre IV.**

V. Réactifs utilisés pour l'étude des corps organiques. **Chapitre V.**

Ces notions élémentaires étant connues, après détermination quantitative des éléments, on pourra chercher à déterminer la fonction du corps étudié. En règle générale, le problème est ordinairement facile à résoudre pour les composés à fonction simple, mais on ne saurait en dire autant pour les corps à fonction complexe. L'habitude des manipulations et la somme des connaissances théoriques de l'opérateur sont alors les meilleurs guides.

CHAPITRE PREMIER

ANALYSE IMMÉDIATE

Quand on examine un corps organique, il faut savoir d'abord si l'on est en présence d'un mélange de composés organiques différents, ou si la substance à étudier répond à un corps organique défini, possédant un ensemble de propriétés qui lui appartient en propre. — Il convient, en un mot, de savoir d'abord si le corps dont on va aborder l'étude est réellement une espèce chimique.

La première opération à laquelle se livrera le chimiste sera donc de chercher à isoler à l'état de pureté les différents corps, plus ou moins complexes, qui représentent des espèces chimiques différentes. Cette séparation des espèces chimiques est l'*analyse immédiate*.

Les espèces étant séparées et obtenues à l'état de pureté absolue, on déterminera les éléments qui les constituent; cette détermination, d'abord qualitative, sera faite ensuite quantitativement ; c'est là le but de l'*analyse élémentaire*.

On prévoit de suite combien l'analyse immédiate peut être une opération délicate, quand on songe à la facilité avec laquelle les matières organiques s'altèrent, se modifient, se transforment sous l'influence des substances employées pour effectuer leur séparation, même quand ces substances semblent privées de toute activité chimique.

Les pharmaciens du dernier siècle avaient préparé la voie. Ils cherchaient fréquemment à obtenir sans modification le ou les principes actifs des médicaments, afin d'utiliser dans l'art de guérir ces principes plus ou moins purs, qui, sous un moindre volume, devaient produire un effet plus énergique. Ils visaient donc à obtenir ces principes actifs et l'emploi de différents dissolvants leur donnait parfois une substance inerte, parfois une substance douée d'une grande activité. Ils arrivèrent vite à cette conclusion que pour obtenir les principes actifs non modifiés il fallait avoir recours aux substances ne manifestant aucune activité chimique ; de là, l'emploi de l'eau, de l'alcool, etc.

Au commencement du xixe siècle, des pharmaciens traitent des écorces et des substances médicamenteuses par l'eau ou par l'alcool et appliquent aux produits dissous dans ces liquides, chimique-

ment indifférents, une série de réactions qui les
conduisent à découvrir les bases naturelles.
Après Vauquelin et Derosne, nous voyons Séguin
isoler la morphine; nous voyons Sertuerner compléter les recherches de Séguin, puis nous trou-
vons les magnifiques découvertes de Pelletier et
Caventou.

Mais la méthode de l'analyse immédiate n'est
point encore établie complètement, les règles ne
sont pas posées et M. Chevreul reprenant la question lui imprime une allure méthodique.

En 1815, M. Chevreul pose les premières règles
de l'analyse immédiate.

« On doit déterminer, dit-il, les propriétés qu'on
peut reconnaître dans la matière organique, telles
que la couleur, l'odeur, la saveur, etc., etc., avant
de la soumettre à aucun réactif ; puis procéder
à des essais afin de voir si les propriétés recon-
nues en premier lieu se retrouvent dans les
matières séparées au moyen des agents chimiques. » (Chevreul. *Eléments de physiologie végé-
tale et de botanique de Mirbel*, t. I, p. 458.)

Depuis cette époque, M. Chevreul ne cesse d'insister sur l'importance des méthodes d'analyse
immédiate et un peu plus d'un demi-siècle plus
tard, dans sa *Méthode a posteriori*, il s'exprime en
ces termes :

« C'est après avoir constaté que d'une matière,

extraite d'un produit d'origine organique, il est impossible de n'en rien séparer sans en altérer la nature, que je considère, dit-il, cette matière comme
un des *principes immédiats* du végétal ou de l'animal d'où elle provient et que dès lors je l' mets
au nombre des espèces chimiques.»

« Il existe une différence entre l'analyse minérale et l'analyse organique immédiate, parce que
le but de celle-ci est d'isoler les principes immédiats qui constituent les plantes et les animaux
sans en altérer les propriétés.

« Or, la première condition pour atteindre ce
but est de ne recourir qu'à des réactifs et à des
forces physiques incapables d'altérer les propriétés des corps qu'il s'agit de séparer.» (Chevreul.
Méthode a posteriori.)

Que faudra-t-il entendre par dissolvants inactifs,
par réactifs incapables d'altérer les corps sur
lesquels on les fait agir?

On peut consi̇dérer comme dissolvants inactifs,
pour la généralité des cas, l'eau, l'alcool, la benzine, les pétroles, l'éther, etc. Nous devons cependant faire une distinction spéciale pour l'éther
ordinaire.

L'éther, bien que considéré comme un liquide
inactif, a la propriété de s'emparer de l'oxygène
de l'air; primitivement cette absorption d'oxygène
ne répond point à une combinaison d'oxygène et

d'éther, mais à une transformation de l'oxygène de l'air en oxygène doué de propriétés oxydantes spéciales et plus actives. L'éther mérite donc le reproche de pouvoir modifier parfois les principes immédiats en les oxydant.

On peut cependant, avec quelques précautions, l'utiliser sans inconvénient dans de nombreuses circonstances.

PRINCIPES DES MÉTHODES D'ANALYSE IMMÉDIATE

On utilise pour extraire et séparer les espèces chimiques, leurs différences de propriétés physiques. Ces différences sont la base de la méthode par fractionnement. On aura recours à :

1° La dissolution ou épuisement fractionné ; — avec un seul dissolvant, — ou avec plusieurs dissolvants successifs : on fera varier leur ordre d'action :

2° La cristallisation fractionnée ;

3° La précipitation fractionnée ;

4° La saturation fractionnée ;

5° La distillation fractionnée.

CARACTÉRISTIQUES DES ESPÈCES CHIMIQUES

Une substance étant isolée, avant de la considérer comme une espèce chimique, on devra faire porter l'examen sur les points suivants :

1° Cristallisation. — Quand le corps peut cristalliser, on doit, retirer d'un volume de liquide donné des cristaux qui soient identiques aux premiers moments de la cristallisation, et plus tard quand le liquide dépose de nouveaux cristaux.

2° Point de fusion. — Les premiers cristaux formés et les derniers obtenus doivent présenter le même point de fusion.

3° Point d'ébullition. — Si la substance est volatile elle doit passer à la distillation à une température qui restera la même tant qu'on prolongera la distillation.

Il faut cependant prévoir le cas où une substance ne se volatilise pas sans s'altérer partiellement; auquel cas bien que la substance soit une espèce chimique définie, la température d'ébullition varie forcément, le corps se modifiant peu à peu.

4° Action des réactifs. — Une espèce chimique doit donner avec les réactifs des composés qui soient les mêmes quand les conditions de réaction ne sont point modifiées ou ne le sont que faiblement; ainsi, si la substance primitive est basique, on doit pouvoir former des sels et pouvoir retirer de ces sels la base elle-même, présentant encore les mêmes propriétés qu'avant d'avoir été engagée en combinaison.

De plus, s'il s'agit d'un précipité, le premier précipité formé dans un liquide et le dernier précipié obtenu dans ce même liquide doivent être identiques.

5° Méthode des dissolvants. — On ne rencontrera pas toujours l'ensemble des caractères réclamés ci-dessus; il faut dans ce cas, avoir recours à la méthode des dissolvants. On prend un poids P de matière, on traite ce poids P par un poids M d'un liquide susceptible de dissoudre partiellement le corps examiné. M dissout p de la matière.

On traite de nouveau $P-p$ par M.

M doit dissoudre encore p.

Cette dissolution de quantités constantes pour un poids de liquide constant, la température ne variant pas, est un des caractères d'une espèce chimique (il n'est pas cependant toujours suffisant). Parfois la matière étant impure M peut dissoudre d'abord p'; un second traitement par M donnerait un poids dissous égal à p, un troisième donnerait également p. Dans ce cas, l'impureté qui accompagnait le corps serait en *presque* totalité dissoute dans le premier volume M de dissovant.

Cette méthode non seulement permet de vérifier la pureté d'une espèce chimique, mais elle présente cet avantage qu'elle purifie la substance sans l'altérer.

Ajoutons que tous les poids de liquide M laisseront le même poids p de la substance dissoute, et que tous ces résidus $p, p,\ldots$ présenteront, si l'espèce chimique est pure, les mêmes caractères physiques et chimiques.

Ces vérifications faites, et d'autres que l'habitude enseignera, on pourra procéder à l'analyse élémentaire de la substance, non sans avoir déterminé au préalable le nombre et la nature des corps simples constituant l'espèce chimique soumise à l'examen.

CHAPITRE II

DÉTERMINATION QUALITATIVE

DES ÉLÉMENTS CONTENUS DANS UN PRINCIPE IMMÉDIAT

On devra commencer par incinérer sur une lame de platine une très petite quantité de la substance examinée. On observera la façon dont se fait la fusion s'il y a lieu, la carbonisation, la combustion du charbon formé. L'odeur dégagée dans toutes les phases de l'incinération peut fournir d'utiles renseignements. Enfin on examinera s'il reste sur la lame de platine un résidu fixe.

RECHERCHE DU CARBONE

Le carbone se trouve toujours en brûlant la matière dans un tube par l'oxyde de cuivre pur, et faisant passer les gaz dans une dissolution d'eau de baryte : du carbonate de baryte précipité. Souvent aussi, quand une substance est solide et fixe, il suffit pour y constater la présence du carbone de la chauffer à une température suffisamment élevée, à l'abri d'un excès d'air, dans un tube à essai par exemple. Le carbone se sépare alors sous forme d'un résidu noir, amorphe et combustible.

Tous les composés ne donnent pas nécessairement ce dépôt de charbon, tels sont les carbonates, oxalates et l'acide oxalique.

La meilleure méthode pour constater la présence du carbone, consiste à mélanger la substance avec 5 à 6 fois son poids de chromate de plomb pulvérisé. On chauffe dans un tube peu fusible, relié à un appareil à condensation contenant de l'eau de baryte. La matière étant chauffée peu à peu jusqu'au rouge, les produits gazeux déterminent la formation d'un précipité de carbonate de baryte. Il est évident, qu'en opérant ainsi, on peut remplacer le chromate de plomb par l'oxyde de cuivre.

Il est important dans cette recherche de mettre une colonne de chromate de plomb ou d'oxyde cuivrique en avant de la matière mélangée au corps oxydant, et de chauffer primitivement la partie antérieure du tube.

Les substances peu volatiles peuvent être examinées de même. Les composés très volatils sont mélangés à l'état de vapeur avec de l'air dans une éprouvrette; on enflamme le mélange gazeux et on constate par l'eau de baryte la présence du gaz carbonique.

Si l'air ne suffit pas, on le remplace par de l'oxygène pur.

On pourrait développer cette question : le peu qu'on vient de dire suffit pour la généralité des cas.

RECHERCHE DE L'HYDROGÈNE

On recherche l'hydrogène dans les substances organiques en les brûlant dans un tube avec l'oxyde de cuivre ou le chromate de plomb bien desséchés. Si les substances renferment de l'hydrogène, il se condense de l'eau sur les parois froides du tube.

Il est indispensable de n'opérer que sur des substances absolument séchées; l'oxyde de cuivre employé doit avoir été récemment calciné et refroidi à l'abri de l'air humide. Il est préférable d'employer de l'oxyde de cuivre en paillettes ou en grains, et non de l'oxyde de cuivre pulvérulent.

Si la matière examinée contient peu d'hydrogène, on ne constatera pas la formation d'eau sur les parois du tube. On emploiera alors un tube en U exactement pesé avant l'opération et contenant de la ponce sulfurique. L'augmentation de poids indiquera la présence de l'hydrogène dans le corps examiné.

RECHERCHE DE L'OXYGÈNE

L'oxygène se reconnaît par différence, quantitativement. Cette règle générale n'est point suffisante, car il ne faut admettre de résultats par différence que lorsqu'il est impossible de faire autrement.

Une remarque à faire au point de vue de l'absence ou la présence de l'oxygène est la suivante : tout corps qui, bien sec, chauffé à l'abri de l'oxygène donne de l'eau ou de l'acide carbonique contient nécessairement de l'oxygène.

RECHERCHE DE L'AZOTE

Les matières azotées répandent souvent par la calcination une odeur caractéristique.

On constate la présence de l'azote comme il suit :

a. — On mélange le composé azoté avec un grand excès de chaux sodée, et on place ce mélange intime dans un tube. On chauffe, il se dégage soit de l'ammoniaque, soit une amine; en tous cas le produit de dégagement bleuit le papier de tournesol rougi, et neutralise une solution acide diluée.

Il n'en est pas ainsi quand l'azote est de l'azote

de substitution nitrée : dans ce cas, une partie de l'azote peut cependant et parfois donner de l'ammoniaque. On devra donc alors opérer comme il est dit en *b* et *c*.

b. — On chauffe la substance bien sèche avec des fragments de potassium dans un petit tube fermé par un bout. Quand le potassium est transformé on laisse refroidir, on reprend par quelques centimètres cubes d'eau distillée, on filtre s'il y a lieu et dans la liqueur claire on recherche l'acide cyanhydrique par la sulfate ferroso-ferrique.

Si la matière est azotée on a de l'acide cyanhydrique formé.

Il a été dit que par cette méthode on ne trouvait point l'azote des dérivés diazoïques, ni l'azote en présence des sulfures.

Il a été affirmé depuis (*Bul. de la soc. chim.*, 1885), qu'il est toujours possible de retrouver l'azote dans ces deux cas spéciaux, à la condition d'opérer avec un grand excès de potassium.

c. — Quand on chauffe dans un tube un produit contenant de l'azote de substitution nitrée, on peut constater une détonation ou simplement la production de vapeurs rutilantes, acides, qui bleuissent un papier amidonné trempé dans une solution d'iodure de potassium.

RECHERCHE DU CHLORE, DU BROME, DE L'IODE

Il existe plusieurs procédés, nous ne citerons que le suivant :

A l'extrémité d'un fil de platine, on fixe un petit tampon de tournure de cuivre, on le porte au rouge pour l'oxyder ; puis après l'avoir imprégné de la substance qu'on examine, on le porte au rouge à l'extrémité de la flamme bleue d'un brûleur de Bunsen.

S'il se produit une coloration de la flamme
En bleu vif elle indique la présence du **Chlore.**
En vert. . . . . **Brome.**
En violet. . . . . **Iode.**

RECHERCHE DU SOUFRE

Le principe des procédés employés est l'oxydation totale de la matière. Le soufre qu'elle contient est transformé en acide sulfurique dont on constate la présence par les procédés ordinaires.

On peut opérer comme il suit :

a. — On projette la matière sèche, mélangée avec du nitrate et du carbonate de potasse, dans un creuset contenant du nitrate de potasse maintenu en fusion. On doit n'introduire le mélange dans l'azotate de potasse fondu que par faibles portions pour éviter les accidents. Après refroidissement, on reprend par l'eau et dans la dissolution on recherche l'acide sulfurique.

b. — On peut également oxyder les matières organiques par l'acide nitrique fumant. L'application, conformément aux indications de Carius, permet d'effectuer un dosage très exact.

c. — Le potassium, chauffé avec les matières sulfurées, est converti en sulfure de potassium. Il ne reste plus qu'à reprendre la masse par l'eau, filtrer et rechercher dans la liqueur la présence du sulfure de potassium.

d. — On établit encore la présence du soufre dans une matière organique en l'oxydant par le permanganate de potasse en solution concentrée et bouillante. (Cloez et Guignet.)

La précaution essentielle à prendre dans l'application de tous ces procédés est de s'assurer qu'il n'existe point, à l'état d'impureté, d'acide sulfurique dans les réactifs employés.

RECHERCHE DU PHOSPHORE

Un certain nombre de composés organiques naturels ou artificiels contiennent du phosphore.

Pour vérifier la présence ou l'absence du phosphore dans un composé organique, on opère comme il est dit en *a* et en *b*.

a. — **Procédé de Schœnn**[1]. On calcine la matière organique jusqu'à ce qu'elle soit en partie carbonisée. La masse charbonneuse est mélangée intimement avec environ la moitié de son volume de poudre de magnésium.

Le mélange est introduit dans un petit tube en verre vert, et on chauffe assez fortement le mélange. Si on opère dans l'obscurité, on voit dans le tube une légère phosphorescence en même temps qu'il se dépose quelquefois des globules de phosphore blanc ou rouge sur les parois du tube.

On chauffe assez longtemps encore de façon à obtenir une plus grande proportion de phosphure de magnésium, puis on laisse refroidir. — Si on ajoute alors quelques gouttes d'eau dans le tube, et qu'on chauffe un peu, on perçoit nettement à l'extrémité de ce tube l'odeur caractéristique d'hydrogène phosphoré. — Ce gaz peut même être enflammé à l'extrémité du tube.

On peut également employer le magnésium en ruban, mais dans tous les cas il est préférable d'employer la poudre de magnésium.

b. — On procède, comme pour la recherche du soufre.

Les éléments de la substance organique sont oxydés soit à l'aide du carbonate de soude et de

---

[1] *Zeitsch. für. Analyt. Chem.*, VIII, 55.

l'azotate de potasse (ces deux sels étant parfaitement purs), soit par l'acide azotique fumant. L'on recherche dans la solution l'acide phosphorique par les procédés ordinaires, c'est-à-dire soit par le sulfate de magnésie, soit par le chlorure ferrique et l'acétate de soude. Quand on a employé comme oxydant l'acide azotique fumant, on doit éliminer d'abord la majeure partie de cet acide par évaporation.

CHAPITRE III

ANALYSE ÉLÉMENTAIRE

On ne décrira pas les procédés employés pour l'analyse élémentaire des composés carbonés. Nous renvoyons aux ouvrages classiques d'analyse quantitative; mais il est bon de faire quelques remarques sur les points suivants :

a. — Occlusion de l'hydrogène par le cuivre. — Le cuivre provenant de la réduction de l'oxyde par l'hydrogène, retient une faible quantité de ce gaz. — M. Weyl a proposé pour éviter les erreurs inhérentes à l'occlusion de l'hydrogène par le cuivre réduit, de remplacer, pour la réduction de l'oxyde, l'hydrogène par les vapeurs d'acide formique. (*Deuts. Chem. Gesell.*, t. XV, p. 1139.)

D'après M. Kopfer (*Deuts. Chem. Gesell.*, IX, 1377) la cause d'erreur ne peut dépasser 0,025 p. 100 d'hydrogène en excès.

De toute façon on peut éviter cette faible cause d'erreur, en réduisant le cuivre par l'hydrogène et en faisant passer de l'azote dans le tube pendant le refroidissement.

b. — Lorsqu'on veut soumettre à l'analyse élémentaire, un corps ayant été extrait au moyen d'un dissolvant, alcool, benzine, etc..., il faut se souvenir que *les dissolvants ne quittent certaines substances qu'avec une grande difficulté. Ils paraissent même quelquefois s'y combiner.*

c. — Deux procédés d'analyse élémentaire sont généralement suivis, le *procédé Liebig* et le *procédé Piria.*

Lorsqu'on applique le procédé Liebig tel qu'il est décrit, on éprouve toujours une véritable difficulté pour doser exactement l'hydrogène. Il faut en effet prendre une série de précautions pour avoir un tube absolument sec ; de plus l'oxyde de cuivre très avide d'humidité, absorbe souvent une petite quantité de vapeur d'eau pendant les manipulations; mais à côté de ces causes d'erreur, le procédé Liebig donne de bons résultats pour le carbone.

La méthode de Liebig est souvent considérée comme celle qui se pratique le plus aisément. Celle de Piria est cependant d'un emploi plus commode. Dans cette méthode, l'oxyde de cuivre étant fortement chauffé dans le tube quelques instants avant l'introduction de la matière, ne peut évidemment point retenir de poussières carbonées ni absorber d'humidité. Cette cause de surcharge de l'hydrogène n'existe donc pas.

Pour obtenir un résultat exact avec ce procédé, il faut, avant d'introduire la nacelle dans le tube, faire passer un courant d'oxygène pur et sec dans ce tube chauffé au rouge pendant environ une heure et demie [1]; puis après l'introduction de la nacelle, continuer lentement, mais constamment à faire passer le courant d'oxygène pendant toute la durée de la combustion afin d'éviter les dépôts de matières charbonneuses en arrière de la nacelle. On doit chauffer très graduellement la nacelle au début de l'opération et faire passer le courant d'oxygène encore longtemps après que le carbone semble brûlé. — Le cuivre à la fin de la combustion devra être complètement réoxydé.

d. — Quand les corps sont sulfurés, chlorés, bromés, nitrés, etc..., certaines précautions spéciales doivent être prises.

Le chromate de plomb fondu et pulvérisé employé dans ces cas particuliers est aussi avide d'eau que l'oxyde de cuivre : il faut donc se mettre en garde contre cette cause d'erreur.

---

[1] Si le tube a déjà servi, on peut faire passer l'oxygène moins longtemps, car on est sûr qu'il ne contient pas de matières organiques.

M. Rithausen ayant trouvé dans plusieurs combustions un excès de carbone a été amené à rechercher si le chromate ne plomb pouvait être débarrassé par fusion de toute trace de matière organique. Il a exécuté de nombreuses expériences, qui semblent prouver qu'il est difficile d'obtenir un chromate de plomb qui, chauffé dans un courant d'oxygène, ne donne plus d'acide carbonique.

Il conseille de chauffer fortement le chromate de plomb dans un courant d'oxygène avant de s'en servir et de brûler également à la fin de l'analyse tout reste de substance organique de la même manière.

e. — Pour les composés azotés, les conditions de l'analyse doivent être légèrement modifiées.

ANALYSE ÉLÉMENTAIRE DES CORPS AZOTÉS

Voir les traités d'analyse chimique.
Voir les remarques de la page 15 : *Azote.*

Dosage du soufre, du phosphore, du chlore, du brome et de l'iode.

Pour doser ces métalloïdes, le plus simple est généralement d'avoir recours à la méthode de Carius. (Voyez Frésénius, *Analyse quantitative.* — Jungfleisch., *Manip. chimiq.*, p. 1169.)

Pour doser le chlore, la combustion avec la chaux donne de bons résultats.

Pour le phosphore comme pour le soufre, on peut calciner la matière avec un mélange de carbonate de soude et d'azotate de potasse.

Le soufre est dosé encore après oxydation par le permanganate de potasse.

A une solution concentrée et bouillante de permanganate de potasse, on ajoute peu à peu la matière, puis du permanganate tant qu'il y a décoloration. Finalement on ajoute H Cl jusqu'à dissolution complète de l'oxyde de manganèse. Pour que la dissolution de cet oxyde soit facile, il convient d'avoir une liqueur assez concentrée.

On l'étend d'eau avant de précipiter par le chlorure de baryum.

Dosage simultané du carbone, de l'hydrogène et de l'azote.

Dans cette méthode indiquée par M. Schloësing, on opère la combustion comme à l'ordinaire, et avec de l'oxygène absolument pur. Les gaz qui se dégagent à l'extrémité des appareils de condensation sont recueillis ; l'oxygène est absorbé par le chlorure cuivreux et l'azote mesuré. (Schloësing. *Ann. phys. et chim.*, 4° *série*, t. XIX, p. 192.) Cette méthode est susceptible de rendre de grands services, mais vu les difficultés de manipulation, on n'a réellement intérêt à l'appliquer que quand on manque de matière. Il est plus commode et plus simple de doser d'abord le carbone et l'hydro-gène seulement, puis l'azote dans une seconde opération.

Remarque. — Dans l'analyse élémentaire on a quelquefois remplacé l'oxyde de cuivre par la mousse de platine ou l'amiante platinée, en faisant passer un courant continu d'oxygène. Cette mé-thode peut être appliquée aux composés ne conte-nant ni azote, ni soufre.

ÉTABLISSEMENT DE LA FORMULE D'UN CORPS

La composition élémentaire d'un corps étant connue il faut en établir la formule, c'est-à-dire trouver le poids de la molécule de cette substance; le poids de la molécule étant le poids du volume de cette substance à l'état gazeux égal au volume occupé par 2 grammes d'hydrogène. On aura donc par la détermination de la densité de vapeur, l'établissement facile des poids moléculaires, mais on ne peut pas toujours prendre la densité de vapeur d'un composé carboné; on doit alors avoir recours à d'autres considérations.

Supposons que l'analyse élémentaire a été faite

avec toutes les précautions voulues, le corps contenant uniquement du carbone et de l'hydrogène :

Pour le carbone on divise la quantité en centièmes obtenue par l'équivalent 6, ou l'atome 12, du carbone et on note le quotient. La valeur de l'hydrogène étant 1, le quotient est égal au chiffre trouvé en centièmes par l'analyse. On admet que la formule répond aux chiffres les plus simples. Mais il faut prendre la densité de vapeur pour établir le chiffre vrai.

Cependant ce simple rapport peut donner un renseignement utile : il indique par exemple si l'on est en présence d'un carbure forménique. Mais la différence entre des carbures saturés voisins, tels que l'hexane et l'heptane, est très faible.

La question est plus complexe encore pour les composés qui renferment de l'oxygène. La présence de l'azote dans une molécule organique simplifie la détermination de la formule moléculaire, car cette formule contient 1, 2, ou 3 Az, etc. (Voyez : Calcul des analyses. *Chimie organique*, par Schorlemmer, lib. Reinwald, 1883, p. 71 et suivantes.)

'En résumé pour établir le poids moléculaire on sera guidé par :

I. Les combinaisons que le corps pourra former.

II. La densité de vapeur.

III. Les conditions de sa formation et de ses dédoublements.

I. *Combinaisons.* — Le corps examiné-est traité par :

1° *Les alcalis.* Il s'y combine. On fait et on analyse les sels de potasse, de chaux, de baryte, mais spécialement le sel d'argent.

2° *Les acides.* On prépare des sels s'il y a combinaison. On doit prendre de préférence l'acide chlorhydrique : on peut sur certains corps faire agir le gaz chlorhydrique sec, et l'augmentation de poids répond au gaz chlorhydrique fixé.

3° Le corps ne se combine ni aux acides ni aux bases. On fait alors agir sur lui l'oxyde de plomb, qui quelquefois s'y combinera. Mais il convient d'être prudent et de ne pas tirer trop rapidement de conclusion de cette réaction, le plomb donnant des composés complexes.

II. *Densité de vapeur.* — On en connaît l'utilité. Malheureusement ce procédé n'est point toujours applicable. (Voyez, p. 40.)

III. Le corps dont on veut établir le poids moléculaire ne se combine ni aux acides, ni aux bases; de plus, il n'est point volatil. Il ne reste alors d'autres ressources que d'examiner les conditions de sa formation, les produits de sa décomposition, l'action des acides, des bases et des halogènes, etc...

Les discussions que nécessite alors l'établissement de la formule ne peuvent trouver place ici; elles ne rentrent point dans le cadre des méthodes générales.

On peut encore s'inspirer de remarques spéciales propres à telle ou telle fonction. Supposons un carbure par exemple; on sait que le nombre d'équivalents de carbone est toujours pair, de même le nombre d'équivalents d'hydrogène est pair. S'il y a substitution chlorée, ou addition, la somme du chlore et de l'hydrogène est toujours paire, etc.

CHAPITRE IV

A. — PROPRIÉTÉS PHYSIQUES

SOLUBILITÉ

Les corps de même fonction possèdent souvent des propriétés physiques qui les rapprochent aussi bien que leur caractère fonctionnel identique. C'est ainsi que les carbures sont généralement ou peu ou pas solubles dans l'eau, et qu'inversement ils sont à peu près tous très solubles dans la benzine.

Leurs dérivés acides présentent une plus grande solubilité dans l'eau.

L'alcool dissout beaucoup de corps organiques, sans distinction de la fonction à laquelle ils appartiennent.

L'éther ordinaire dissout des carbures, des alcalis et des bases. Il dissout bien les alcools monoatomiques; mais on remarque que les alcools polyatomiques sont ou peu solubles, ou tout à fait insolubles dans ce dissolvant.

D'une manière générale, les corps de la série aromatique sont bien moins solubles dans l'eau que les corps de la série grasse qui leur sont comparables, en tant que fonction.

Un composé étant soluble dans deux liquides différents, si l'on vient à mettre en présence ces deux liquides et cette substance les deux liquides étant supposés non miscibles, ou la substance étant en dissolution dans un de ces deux liquides, la quantité qui passe en dissolution dans chacun des deux liquides est déterminée par des chiffres variables avec les liquides; mais le partage de la substance entre les deux liquides se fait toujours suivant certaines règles établies par MM. Berthelot et Jungfleisch. Il y a là un coefficient de dissolution pour chaque liquide, qualifié coefficient de partage.

On constate aussi quelquefois que la solubilité d'un corps dans un liquide étant représentée par a, la solubilité du même corps dans un second liquide étant représentée par b, la solubilité de ce corps dans le mélange de ces deux liquides est supérieure à $a + b$. Soit cette solubilité s, on aura $s > a + b$ (Oudemans).

Exemple :

100 p. d'alcool dissolvent 0,77 p. de cinchonine.
100 p. de chloroforme dissolvent 0,28 p. de cinchonine.

et un mélange de :

22,8 p. d'alcool et 77,2 p. de chloroforme dissout 5,88 p. de cinchonine.

FORME CRISTALLINE

La forme cristalline des corps est un caractère physique dont on ne doit jamais négliger l'examen. On en a indiqué l'importance à propos de la définition de l'espèce chimique.

Mais ce caractère ne peut toujours être utilisé, car il existe des espèces chimiques, des composés parfaitement définis, qui ne cristallisent pas.

Les composé chimiques étant solides, liquides ou gazeux, on peut donc se trouver en présence d'un corps solide, liquide ou gazeux.

Corps solide. — Ce corps est *nettement cristallisé.* Il faut en étudier la forme cristalline.

Il ne *paraît pas cristallisé à premier examen :* il

faut l'examiner au microscope. Cet examen permettra souvent de constater l'existence de cristaux qu'on cherchera à obtenir avec de plus grandes dimensions, par différents procédés que l'expérience indique assez rapidement, mais qui, en fait, doivent varier quelque peu dans beaucoup de cas.

Le *corps paraît réellement amorphe*, d'après l'examen microscopique : il faut, dans ce cas, ne pas considérer trop rapidement ce point comme absolument certain. Tel corps obtenu d'abord amorphe, repris par d'autres dissolvants neutres, évaporé lentement, pourrait bien cristalliser. C'est seulement après une série de tentatives qu'on saura si le corps solide est réellement amorphe.

Corps liquide. — Si on peut le solidifier par refroidissement, on doit le faire; puis examiner le produit solidifié comme on ferait s'il s'agissait d'un corps solide.

Corps gazeux. — Il peut être utile de tenter de le liquéfier et de le solidifier.

Dans le cas de corps cristallisés ou cristallisables on fait les remarques suivantes :

Souvent un corps donné et ses dérivés chlorés, bromés, iodés ou nitrés sont isomorphes.

Les corps isomères affectent ordinairement des formes cristallines différentes.

On rencontre parfois dans la série aromatique

3.

des corps dérivant par substitution chlorée, bromée ou nitrée d'un certain composé et bien que ces corps ne présentent point la même composition, ils peuvent affecter la même forme cristalline ; c'est ainsi que le phénol binitré et le phénol trinitré cristallisent de la même manière : ces corps sont dits *isoméromorphes*.

On qualifie de corps *hémimorphes* des composés semblables par leurs fonctions chimiques, par leur composition, et dont les cristaux présentent plusieurs angles semblables et d'autres angles très différents.

Il y a, de plus, entre certaines formes cristallines *hémiédriques* et les pouvoirs rotatoires des relations qu'il ne faut point oublier.

POINT DE FUSION

On a formulé quelques règles à ce sujet, mais elles sont loin d'être absolues. Ces règles sont les suivantes :

1° Les points de fusion des corps organiques sont d'autant plus élevés que le poids de la molécule est plus grand.

Cette loi est bien loin d'être toujours vraie :

Exemple : l'oxalate de méthyle est solide à la température ordinaire, tandis que son homologue supérieur, l'oxalate d'éthyle, est liquide.

2° Le point de fusion d'un composé organique s'élève par la substitution du chlore à l'hydrogène de ce composé.

Cette seconde loi n'est pas plus absolue que la première.

On peut lire avec fruit ce qu'a publié M. Jungfleisch sur les points de fusion de différents dérivés de la benzine. (*Ann. de Chim. et de Phys.*, 4, t. XV, p. 316.)

3° Dans la série aromatique, les isomères fondant à des températures différentes, c'est le dérivé *para* qui semble présenter le point de fusion le plus élevé, et celui de la série *méta* le point de fusion le plus bas. Prenons comme exemple les dérivés de la benzine :

	PARA.	ORTHO.	MÉTA.
Eq. $C^{12} H^4 Br^2$...... At. $C^6 H^4 Br^2$.......	$89°$	$-1°$	$-26°$
$C^6 H^4 (Az O^2)^2$......	$171°$	$117°9$	$86°$
$C^6 H^4 Br, Az H^2$....	$63°$	$31°$	$18°$
$C^6 H^4 (Az O^2) COOH$	$238°$	$117°$	$141°$

Pour le cas des mélanges, voyez les mémoires spéciaux. Rappelons que le point de fusion d'un mélange de deux corps peut être inférieur au point de fusion de celui des deux corps qui fond le plus bas.

POINT D'ÉBULLITION

Hermann Kopp a remarqué certains rapports entre les substances organiques et leurs points d'ébullition. (*Ann. der Chem. u. Phar.*, t. XLI, 79, 169, t. XCVI, 1.)

Ces rapports sont représentés par les lois suivantes :

1° Les corps homologues ont des points d'ébullition qui s'élèvent ou s'abaissent de 19° environ par chaque addition ou soustraction de $C^2 H^2$, en atomes $C H^2$.

Un alcool ayant un point d'ébullition t, celui qui en diffère par $n\, C^2 H^2$, ou en at. $n\, CH^2$, en plus aura pour point d'ébullition $t + n\, 19°$.

2° Le point d'ébullition d'un acide en équivalents $C^{2n} H^{2n} O^4$, ou en atomes $C^n H^{2n} O^2$, est de 40° environ plus élevé que celui de l'alcool générateur.

3° Le point d'ébullition d'un éther composé est de 82° plus bas que le point d'ébullition de l'acide isomère.

Exemple : l'acétate de méthyle bout 82° plus bas que l'acide propionique.

Gerhardt admet que chaque atome de carbone élève le point d'ébullition de 35°, chaque molécule d'hydrogène H^2 l'abaisse de 15°. Donc $C H^2$ donnerait une différence de 35° — 15°, ou 20°, chiffre bien voisin de 19° indiqué par Kopp.

En fait, l'addition de CH^2 amène une différence tantôt plus grande que 19°, tantôt plus petite. Ceci est vrai *a fortiori* pour $n\,CH^2$.

Aux lois de H. Kopp, qui sont incomplètes, M. Berthelot a ajouté celles indiquées ci-dessous :

1° Plusieurs corps étant produits par l'action d'un composé déterminé sur des composés différents, on constatera à peu près la même différence entre les points d'ébullition des substances résultant de la réaction et les points d'ébullition des composés primitifs.

Exemple : On remplace dans l'alcool et dans l'acide acétique une molécule d'eau par H Cl, et on constate que

L'alcool bout à............ 78°	différence 67°
L'éther chlorhydrique bout à 11°	
L'acide acétique bout à..... 117°	différence 62°
Le chlorure acétique bout à 65°	

2° Par perte d'une molécule d'eau, en équivalents H^2O^2, ou en atomes H^2O, le point d'ébullition s'abaisse de 100° à 110°.

Eq. $C^{10}H^{12}O^2$	bout à 132°	
At. $C^5H^{12}O$		différence 97°
Eq. $C^{10}H^{10}$	bout à 35°	
At. C^5H^{10}		

De là on peut tirer bien d'autres déductions.

3° L'abaissement du point d'ébullition, abaissement qu'on vient d'indiquer à 2°, se constate encore quand le corps qui perd une molécule d'eau est formé par l'union de deux principes distincts.

Le point d'ébullition de tels composés est approximativement égal à la somme des points d'ébullition des deux composants moins 120°.

4° Le point d'ébullition d'un corps composé est généralement égal à la somme des points d'ébullition des générateurs, moins la somme des points d'ébullition des corps éliminés.

Ces lois, il ne faut point l'oublier, n'ont point un caractère absolu.

5° Dans la série aromatique, les points d'ébullition ne sont généralement pas dans les mêmes rapports que les points de fusion. Supposons des dérivés bisubstitués de la benzine, les dérivés bibromés, par exemple, $C^{12} H^4 Br^2$, en atomes $C^6 H^4 Br^2$. Le point d'ébullition :

de l'orthodibromobenzine $= 223°$,

de la méta. . . . . $= 219°$,

de la para. . . . . $= 218°$.

Si on réunit les points de fusion et d'ébullition, on a :

		PARA.	ORTHO.	MÉTA.
Benzine bibromée	Fusion	89°	— 1°	— 26°
	Ebull.	218°	223°	219°

C'est le dérivé ortho qui bout à plus haute tem·
pérature.

Les lois ci-dessus énoncées ne sont pas applicables aux mélanges de différents corps, ces corps
étant ou non de même fonction,

Il est évident que l'ébullition d'un mélange de
deux ou de plusieurs corps ne peut avoir lieu, dans
la généralité des cas, à température constante.
En effet, la vaporisation ne se faisant point de la
même manière pour chacun des corps constituant
le mélange, il en résulte un appauvrissement par
rapport à celui qui se volatilise en plus grande
proportion. La température tend donc à se rapprocher peu à peu de la température d'ébullition
du corps le moins volatil. Mais on peut supposer
un mélange dans lequel les poids de vapeur, formés
pendant le même temps par chacun des composants, correspondent aux proportions suivant lesquelles ces corps se trouvent mélangés. Comme
conséquence, le point d'ébullition d'un tel mélange
est fixe.

D'après Naumann, les quantités de deux liquides
passées à la distillation, évaluées en poids moléculaires, sont entre elles dans le même rapport que
les tensions de vapeur de ces liquides, déterminées
à la température de la distillation, cette température restant constante.

DENSITÉ DE VAPEUR

Utilité de la densité de vapeur. — Pour les corps dont on peut prendre la densité de vapeur sans décomposition, cette simple détermination établit le poids moléculaire.

Procédés employés. — Les chimistes n'avaient autrefois à leur disposition, pour la détermination des densités de vapeur, que les méthodes de Gay-Lussac et de Dumas. Celle de Gay-Lussac n'étant applicable avec avantage qu'à des corps bouillant au-dessous de 100°, celle de Dumas étant forcément d'un usage restreint, car elle a le grand inconvénient de faire perdre une partie de la substance, on chercha d'autres procédés. On doit à ces recherches les méthodes de Hofmann, de Victor et de Charles Meyer.

Indiquons le principe de cette dernière méthode :

L'appareil employé pour la détermination des densités de vapeur, jusqu'à 310°, se compose d'un réservoir thermométrique ayant environ 30 cent. de hauteur et 4 à 5 centim. de diamètre, il se prolonge par un tube droit de 60 cent. portant soudé latéralement un tube de dégagement, dont l'extrémité plonge dans une petite cuve à eau. Le fond du réservoir contient un peu d'amiante calcinée.

Cet appareil, séché soigneusement est placé au milieu d'un manchon de verre dans lequel on maintient un liquide en ébullition. Lorsque la température du réservoir reste constante, au moyen de dispositifs assez variés, on fait tomber dans ce réservoir un poids connu de substance, enfermé dans un petit tube, en ayant soin de fermer le grand tube vertical. La substance se vaporisant, chasse un volume d'air que l'on recueille et mesure. On utilise alors la formule ci-dessous dans laquelle on représente le poids de la substance par P, le volume de la vapeur à t par V; H est la pression atmosphérique, h la tension de la vapeur d'eau à t.

$$D = \frac{P\ (1 + 0,003665)\ t\ 760}{V.\ 0,001293\ (H - h)}$$

Voyez : *Dict. Wurtz.* Suppl., p. 613; *Deutsch. Chem. Gesells* (1878), p. 1867, 2253; (1879), p. 609.

VOLUME SPÉCIFIQUE OU VOLUME ATOMIQUE

Par volume spécifique, on entend le quotient du poids moléculaire d'un corps par sa densité; soit la molécule p, soit la densité d, on aura pour valeur du volume spécifique $\frac{p}{d}$.

Nous renvoyons le lecteur aux travaux de Schröder (voyez : *Berich d. deut. Chem. Gesell.,*

t. X, 848, 1871, t. XII, 566, 1613), ou aux *Principes de Chimie* de MM. Naquet et Hanriot, t. II, p. 706; mais on rappellera ici que :

1° Les volumes moléculaires de composés isomères sont identiques;

2° Le remplacement de H^2 par O^2 (O égalant 8), ou par O (O égalant 16) ne paraît pas modifier le volume moléculaire;

3° La substitution de C^2 (C égalant 6) ou de C (C égalant 12) à H^2 dans une combinaison, ne donne aucun changement dans le volume moléculaire;

4° Kopp calcule le volume moléculaire d'une combinaison organique non azotée, en multipliant les exposants par le volume atomique des corps auxquels ces exposants s'appliquent et en additionnant la somme de ces valeurs.

INDICE DE RÉFRACTION

On a nommé pouvoir réfringent spécifique la valeur $\dfrac{n-1}{d}$, dans laquelle $n = $ l'indice de réfraction et $d = $ la densité de la substance. On peut supposer les deux valeurs établies à 20° et admettre de plus que la valeur de $\dfrac{n-1}{d}$ reste constante entre des limites de température peu étendues, les variations subies par $n - 1$ et par d restant pro-portionnelles.

Le produit du pouvoir réfringent spécifique par le poids moléculaire P est désigné sous le nom de pouvoir réfringent moléculaire ou d'équivalent de réfraction. L'expression qui le représente est $P\dfrac{n-1}{d}$, n peut être pris pour une lumière quelconque. On a pris n au moyen de la raie brillante α donnée par l'hydrogène dans un tube de Geissler : cette raie correspond à C de Frauenhofer.

M. Landolt a posé plusieurs lois que l'on va indiquer :

1° Les substances métamères ont des équivalents de réfraction très voisins ou identiques.

La structure moléculaire est donc sans action sensible sur la réfraction.

Ne citons que les exemples suivants car ils suffisent :

$$P\frac{n-1}{d}$$

Acétate de méthyle, Eq. $C^6 H^6 O^4$..... At. $C^3 H^6 O^2$.....	29,36
Formiate d'éthyle.................	29,18
Acide propionique.................	28,57
Valérianate d'éthyle, Eq. $C^{11} H^{14} O^4$. At. $C^7 H^{14} O^2$..	59,60
Acétate d'amyle....................	60,90
Acide œnanthylique................	59,40

Des mélanges ayant même composition élémentaire ont même valeur réfractive :

Soit :
$$C^4 H^4 O^4 + C^8 H^8 O^4 = C^{12} H^{12} O^8$$
Acide butyrique.

ou :
$$2 C^6 H^6 O^4 = C^{12} H^{12} O^8$$
Acide propionique.

ils donnent :

Le mélange......................... 28,69
L'acide propionique 28,57

Un mélange à équivalents égaux d'alcool méthylique et d'acide acétique

$$C^2 H^4 O^2 + C^4 H^4 O^4 = C^6 H^8 O^6$$

donne............................. 34,42
et la glycérine $C^6 H^8 O^6$ donne........ 34,32

2° Pour les composés polymères, les équivalents de réfraction ne sont pas exactement des multiples simples de l'équivalent du corps non condensé.

3° Dans une série homologue, chaque différence de C^2 H^2, ou en at. $C H^2$, fait varier l'équivalent de 7,6 en moyenne.

Exemple :

	$P \dfrac{n-1}{d}$	DIFFÉRENCE.
Acide formique.......	13,91	7,20
— acétique.......	21,11	7,46
— propionique....	28,57	

4° Dans la série grasse, on peut admettre que l'équivalent de réfraction est égal à la somme des équivalents de réfraction des éléments.

Les équivalents de réfraction du carbone, de l'hydrogène et de l'oxygène, étant c, h, o, on aurait pour $C^n H^a + {}^2O^p$:

Equiv. de réfraction $= n\,c + (n + 2)\,h + p\,o$
$c = 5,00$
$h = 1,30$
$o = 3,00$ (ou 2,90 Gladstone)

A ceci ajoutons que

$Az = 4,10$
$Cl = 9,90$

Cette loi est susceptible de développement.

5° Dans la série aromatique la règle posée à 4° n'est point applicable.

L'équivalent de réfraction est généralement supérieur à celui que donnerait le calcul.

A ces lois, il convient d'ajouter encore, pour n'être pas trop incomplet :

6° Les différences dans le cas des carbures et de leurs dérivés chlorés, nitrés, etc., entre l'expérience et le calcul, sont d'après Gladstone :

At. $C^n H^{2n+2}$	Différence........	0
$C^n H^{2n}$	—	 0
$C^n H^{2n-4}$........	—	...... + 3
$C^n H^{2n-6}$........	—	...... + 6
$C^n H^{2n-12}$......	—	...... + 11
$C^n H^{2n-18}$......	—	...... + 17

7° La différence entre l'expérience et le calcul tient à la manière dont les atomes de carbone sont liés entre eux.

Un double lien amène une différence en plus égale à 2. Un noyau benzinique amène une différence égale à 6 (Brühl).

Il ne faudra jamais négliger de regarder si un corps possède ou non un pouvoir rotatoire. S'il est doué d'un pouvoir rotatoire, on le déterminera en n'oubliant point de constater si ce pouvoir est variable avec la concentration des liqueurs, avec la température d'observation, etc.

B. — ISOMÉRIE

Les leçons professées devant la Société chimique de Paris, par M. Berthelot, établissant les bases de cette question, nous renvoyons aux publications de cet illustre chimiste (Hachette, 1863). L'isomérie ne sera donc pas traitée ici avec tous les développements qu'elle comporte; les points les plus importants seuls seront touchés.

Certains corps présentent la même composition élémentaire, et peuvent jouir de propriétés absolument dissemblables; ils peuvent être de fonctions différentes : ces corps sont isomères. Les isomères se classent en plusieurs groupes.

1° Des corps présentent même formule élémentaire, même volume gazeux, mais ont des propriétés physiques différentes. Ils sont dits simplement . . . . . . } Isomères.

2° Des corps à l'état gazeux occupent le même volume; ils ont même composition, présentent des propriétés physiques différentes, mais donnent des produits de décomposition absolument distincts, les corps sont dits . . . . } Métamères.

Ex.: Acétate de méthyle et acide propionique.

3° Deux corps, ou, pour être général, *n* corps présentent la même composition chimique élémentaire, ont des volumes gazeux différents pour un même poids, ou ce qui revient au même, les volume gazeux égaux répondent à des poids différents. Ces corps sont dits . . . . } Polymères.

Il est à remarquer que les polymères, étant des produits condensés, peuvent naturellement ne point être volatils sans décomposition.

On trouve des exemples de cette polymérie dans les carbures, les aldéhydes, les éthers, etc... On en trouve également dans les composés azotés. Ex.: acide cyanique et acide cyanurique, etc.

Les corps carbonés passent souvent d'un état à un autre état isomérique en dégageant ou en absorbant de la chaleur, le dégagement de la chaleur répondant ordinairement à une condensation ou à une perte de pouvoir rotatoire.

De plus, lorsqu'on considère les formules dites de constitution et les liens hypothétiques entre les atomes, on suppose entre eux des modes d'attache et des groupements différents; on suppose même aux atomes des atomicités ou valences variables, ainsi l'azote ordinairement triatomique peut devenir pentatomique

Les conditions d'isomérie peuvent être examinées dans chaque fonction. Un corps est un *carbure*. On doit ne point oublier que le carbure peut être :

> Primaire;
> Secondaire;
> Tertiaire.

Un corps présente les propriétés d'un *alcool.*

Les conditions d'isomérie des carbures entraînent des conditions d'isomérie semblables dans les alcools.

Un corps présente des propriétés d'un *aldéhyde.*

Ce corps peut être un aldéhyde ou un acétone. Les propriétés de ces corps suffisent à différencier les deux isoméries. L'un donne un acide, l'autre en donne deux.

Un corps présente les propriétés d'un *acide*.

L'isomérie entre les acides est du même genre que celle constatée entre les alcools et, par conséquent entre les carbures.

On peut développer cet ordre d'idées pour les autres fonctions.

A ce qui vient d'être dit ajoutons qu'*on doit dans l'étude des isomères, établir d'abord si l'on est en présence d'un corps de la série grasse ou de la série aromatique. Ce qui a été dit plus haut s'applique spécialement à la série grasse. Dans la série aromatique,* on constate surtout ce qu'on appelle l'isomérie de position.

Isomérie dans la série aromatique. — Pour étudier l'isomérie dans la série aromatique, il suffit de prendre la benzine comme exemple : tous les produits de la série aromatique peuvent être considérés comme des produits de substitution de la benzine, l'hydrogène de ce carbure étant remplacé par des radicaux de carbures ou par des corps simples.

De toutes les théories données pour expliquer les produits de substitution, de la benzine, la plus commode, celle qui rend le mieux compte des faits, est celle de M. Kekulé ; nous laisserons donc volontairement de côté les formules de Ladenburg et de Korner.

M. Kekulé représente la benzine $C^{12}H^6$, ou en atomes C^6H^6 par

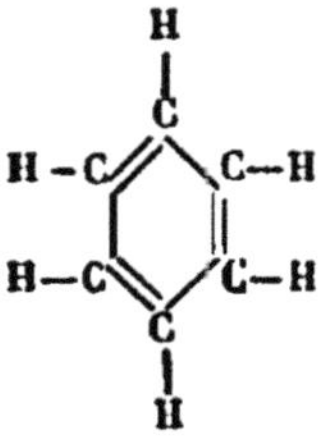

Fig. 1.

Un corps constitué comme le suppose Kekulé, est évidemment plus apte à donner des produits de substitution que des produits d'addition.

L'existence des produits isomériques de di-substitution s'explique en figurant la benzine par un hexagone et en numérotant les six angles au sommet desquels on suppose des atomes de carbone.

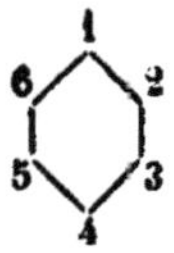

Fig. 2.

Le remplacement de deux atomes d'hydrogène peut s'effectuer de trois manières différentes, soit en 1 et 2, en 1 et 3, et en 1 et 4. Si on considère les autres rapports de position, on trouve que 1 et 5 est identique à 1 et 3, et 1 et 6 identique à 1 et 2.

Cependant, en y regardant de plus près, la seconde formule graphique (fig. 2) est insuffisante pour établir les cas d'isoméries possibles. Revenons donc à la formule graphique de Kekulé.

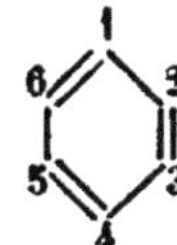

Fig. 3.

Quand on admet ce mode de groupement, il est évident que deux radicaux monovalents remplaçant 1 et 2, ou 1 et 6 ne sont point absolument dans les mêmes conditions, comme l'a fait remarquer Ladenburg : on doit donc théoriquement avoir par remplacement de 2 H dans la benzine par des corps simples ou des radicaux monovalents, non 3, mais 4 produits bisubstitués isomériques. En fait, l'expérience a permis de trouver 3 produits isomériques et non 4.

Schorlemmer s'exprime, à ce sujet, dans les termes suivants : « Nous devons nous représenter qu'au sein des systèmes que nous appelons molécules, les atomes sont doués d'un mouvement continuel; mais jusqu'à présent, aucune explication n'a été formulée, quant à la nature de ce mouvement intra-moléculaire, qui doit naturellement être en rapport avec le principe de l'enchaînement atomique. Le mouvement doit être de telle sorte que tous les atomes constituant le système conservent leur même arrangement relatif, en d'autres termes qu'ils reviennent toujours à une position moyenne d'équilibre. La supposition la mieux fondée et qui est conforme aux théories des physiciens, consisterait à admettre que le mouvement des atomes s'opère suivant ce qu'on peut regarder comme une ligne droite, et qu'en se heurtant les uns contre les autres, ils rebondissent comme des corps élastiques.

Ce que nous appelons la valence ne serait donc autre chose que le nombre de chocs éprouvés par un atome de la part de ses voisins, pendant l'unité de temps. »

Le développement de ces idées conduit à considérer la benzine sous deux groupements différents

Supposons d'abord à la benzine la formule :

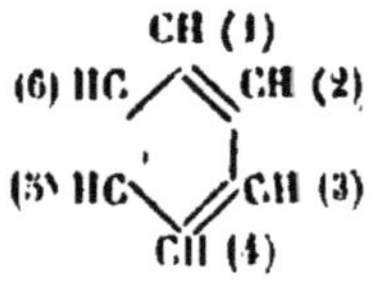

Fig. 4.

Tel serait l'état d'équilibre dans une première unité de temps.

Puis sous l'influence du mouvement dont jouissent les atomes, dans une seconde unité de temps (ces unités répondant à des durées infiniment

petites), la benzine répond à un nouvel état d'é-
quilibre passager représenté par :

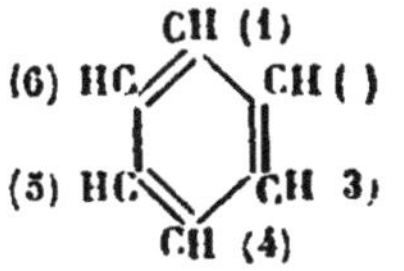

$$CH (1)$$
(6) HC — CH ( )
(5) HC — CH 3)
$$CH (4)$$

Fig. 5.

La considération de ces deux formules graphiques (fig. 4 et 5) conduit à supposer que, pendant la première unité de temps un atome donné
de carbone est attaché à l'un des atomes voisins de
carbone, ou à l'un des atomes adjacents par une
seule de ses unités de combinaisons; mais, pendant
la seconde période il est attaché au même atome
de carbone par deux liaisons; et c'est l'inverse qui
a lieu par rapport à l'atome de carbone voisin pendant les échanges réciproques des affinités.

Cette manière de voir conduit à admettre la
possibilité de 3 isomères, comme l'a fait Kekulé
pour les corps bisubstitués et non pas de 4. Il devient même impossible d'en supposer 4. Sans
exposer les idées de M. Van't-Hoff (*La Chimie
dans l'espace*, Rotterdam, 1875), qu'il suffise d'indiquer comment on peut déterminer la place qu'on
suppose occupée par les corps simples monovalents ou les radicaux monovalents substitués
à H dans la benzine, et prenons pour exemple la
dibromobenzine.

On connaît 3 dibromobenzines : l'une, que l'on appelle *paradibromobenzine*, ne donne qu'un seul dérivé tribromé ; l'autre, dite *orthodibromobenzine*, en donne deux, et enfin un troisième isomère qualifié *métadibromobenzine*, fournit 3 dérivés trisubstitués.

Le dérivé *para* répondrait donc à 1 et 4.

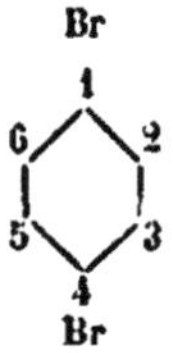

En effet, en vertu des considérations précédentes,

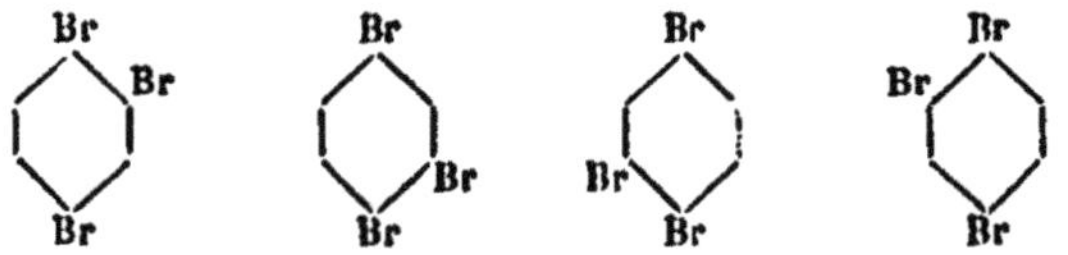

sont identiques.

Le dérivé *ortho* répondrait aux positions 1 et 2 ;

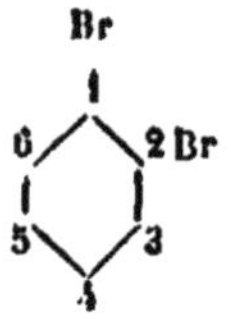

Il donnera

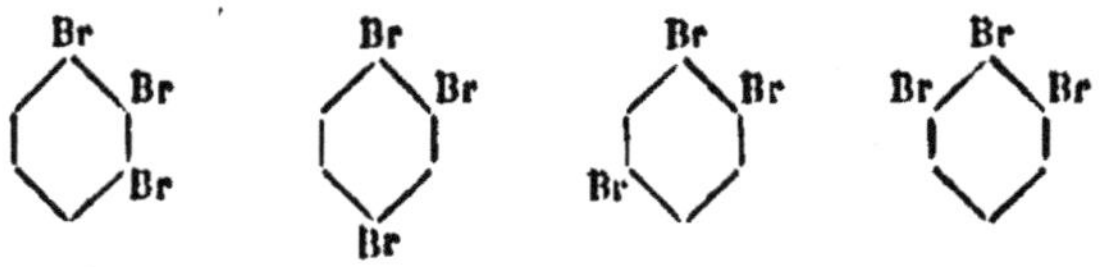

Les dérivés 1 et 2 sont différents, 2 et 3 sont identiques, 4 est identique avec 1.

Donc l'orthodibromobenzine donnera deux dérivés isomères.

Le dérivé *méta* répond aux positions 1 et 3.

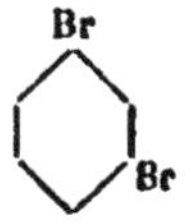

Il peut donner

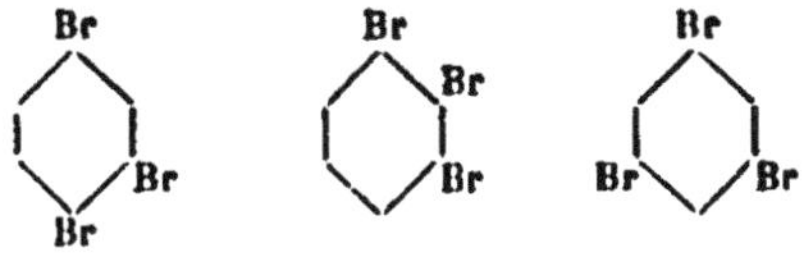

ou 3 isomères. En effet les autres combinaisons possibles rentrent dans une des 3 ci-dessus posées.

Ces considérations, exposées par Körner, sont les plus simples que l'on puisse présenter.

M. Griess a déterminé également la position occupée par les produits substitués à H dans la benzine en examinant les acides diamidobenzoïques.

M. Griess a montré qu'il peut exister six acides diamidobenzoïques (at.) $C^6 H^3 (Az H^2)^2 C O^2 H$, mais par perte de CO^2, ces acides donnent seulement 3 diamidobenzines.

La constitution des 6 acides est :

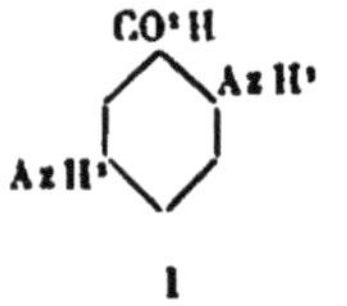

$$\text{I} \qquad \text{II} \qquad \text{III} \qquad \text{IV} \qquad \text{V} \qquad \text{VI}$$

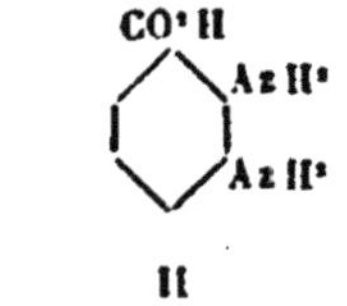

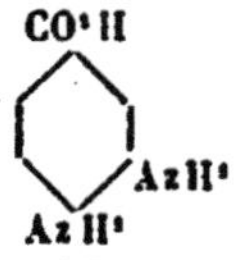

I donne le dérivé 1, 4 ou paradiamidobenzine.

II et III donnent 1, 2 ou orthodiamidobenzine.

IV, V et VI donnent 1, 3, ou la métadiamidobenzine.

On ne peut faire aucune autre hypothèse de constitution, à la condition d'admettre comme base des hypothèses la supposition de Kekulé.

Elle suffit quand il s'agit simplement de déterminations pratiques; on peut du reste se contenter d'une hypothèse qui réponde aux faits.

De ceci il résulte, qu'étant donné un produit dont la benzine est le noyau, il devient possible, par des fixations successives de brome ou d'autres corps simples ou composés monovalents, de déterminer la place occupée par les produits substitués dans la molécule.

On a vu aux notions exposées sur certaines propriétés physiques des corps que les composés aromatiques jouissent de propriétés spéciales, variables avec la nature de l'isomérie. On ne devra point oublier de s'y reporter. (Voyez surtout pages 34 et 36 [1].)

[1] Les travaux récents de M. Werner sur les conditions thermiques des réactions dans la série aromatique seront consultés avec fruit.

CHAPITRE V

RÉACTIFS

UTILISÉS DANS L'ÉTUDE DES CORPS ORGANIQUES

DU CHOIX DES RÉACTIFS

D'une manière générale, il faut poser comme règle qu'on doit choisir de préférence les réactifs facilement éliminables, afin de n'avoir point, par une trop longue série d'opérations, à purifier les produits résultant des réactions.

On devra donc employer ou les réactifs faciles à éliminer par volatisation, ou les réactifs faciles à précipiter. Dans ce dernier cas, on devra chercher toujours à obtenir un précipité le moins soluble possible. Cette remarque est importante, car dans le calcul des analyses, une erreur absolue en apparence faible conduit parfois à l'admission d'une formule complètement fausse. Tout corps résultant de l'action des réactifs doit donc, après cette action, ne laisser aucun résidu par calcination ou laisser un résidu à peu près impondérable.

Dans le cas contraire, le produit doit être purifié

de nouveau ; car, toute recherche sur un produit impur entraîne, comme on vient de le dire et comme on l'a dit déjà à propos de l'analyse élémentaire, ordinairement des erreurs graves. Ceci ne suffit pas, l'impureté pouvant se volatiser au rouge avec les éléments organiques ; mais comme on connaît les réactifs dont on a fait usage, il est toujours possible de vérifier si la purification est complète ou non, indépendamment de l'absence d'un résidu fixe après calcination.

MODE D'ACTION DES RÉACTIFS

Les réactifs employés en chimie organique peuvent se grouper d'après leur mode d'action.

Il est évident de plus que, dans une division des réactifs au point de vue de leur mode d'action, un même réactif pourra être considéré comme doué de propriétés différentes, car il produit des effets variables avec son degré de concentration, quand la température à laquelle on opère la réaction est différente et quand les milieux dans lesquels on l'introduit sont plus ou moins modifiés. — Bien qu'un réactif donné n'agisse pas toujours d'une façon absolument identique, on peut, toujours en déterminant les conditions de la réaction, obtenir tel ou tel effet déterminé.

On pourra donc établir différentes classes de

réactifs, en groupant ces corps d'après les effets prédominants.

On divisera les réactifs en :

a. **Réactifs hydratants.** — Eau. Solutions alcalines

b. **Réactifs déshydratants.** — Acide sulfurique. Acide phosphorique anhydre. Chlorure de zinc.

c. **Réactifs oxydants.** — 1° Agissant par oxydation directe. 2° — indirecte.

d. **Réactifs hydrogénants** ou **désoxydants** — 1° Réact. cédant de l'hydrogène. *a.* En se décomposant. *b.* En décomposant l'eau. 2° Réact. s'emparant de l'oxygène

e. **Réactifs de chloruration, bromuration, ioduration**

Action — 1° *Des Halogènes libres.* 2° *Des chlorures, bromures et iodures de phosphore.*

f. **Réactifs divers.** Les principaux sont :

1° Acide sulfurique.
2° Acide azotique.
3° Acide azoteux.
4° Acides hypochloreux et hypobromeux.
5° Acide chloreux.
6° Hydracides (en particulier gaz acide iodhydrique).
7° Oxychlorure de sulfuryle.
8° Alcalis.
9° Ammoniaque.
10° Sels métalliques. — Salpêtre. Sel marin. Sels de Baryte. — de plomb. — d'argent. — de platine et d'or.
11° Radicaux d'acide. — Solution alcaline de cuivre.
12° Éthers chlorhydriques, bromhydriques et iodhydriques.
13° Chlorure d'aluminium.

Comme on le voit, d'après ces divisions, certains réactifs, qui se conduisent de façons tout à fait différentes, quand les conditions de leur action varient, sont classés dans plusieurs des groupes généraux. Cette disposition, qui peut présenter quelques inconvénients, présente aussi des avantages manifestes, car elle donne une idée plus exacte de leur mode d'action.

A. — RÉACTIFS HYDRATANTS

Eau.

1° L'eau peut se fixer sur certains corps comme les anhydrides. Les anhydrides sont ainsi ramenés à l'état d'acides. Cette fixation modifie parfois complètement la formule. Exemple : l'anhydride acétique $C^8 H^6 O^6$, en atomes $C^4 H^6 O^3$, par fixation d'eau donne deux molécules d'acide acétique $C^4 H^4 O^4$, en atomes $C^2 H^4 O^2$.

2° Elle peut saponifier, même à froid, les éthers de certains acides. D'une manière générale, cette saponification s'effectue facilement avec les éthers dont les acides ont un poids moléculaire élevé.

3° L'action de l'eau s'exerce plus nettement par élévation de la température à laquelle on la fait réagir. Des éthers qui sont faiblement attaqués à la température ordinaire, en un temps donné, sont au contraire décomposés facilement quand l'eau est chauffée.

4° On obtient même des phénomènes d'hydratation plus complète en opérant en tubes scellés. Ainsi, vers 300°, on saponifie les corps gras naturels.

5° On peut résumer l'ensemble des réactions de l'eau en disant que, d'une manière générale, elle agit comme les alcalis; mais, dans toutes les réactions, elle manifeste moins d'énergie.

6° Elle agit très facilement sur les chlorures acides qu'elle décompose. Il suffit de rappeler son action sur le chlorure acétique ou chlorure d'acétyle.

Solutions alcalines.

Les alcalis n'agissent comme hydratants qu'à *l'état de dissolution.*

On emploie la potasse et la soude en dissolution *aqueuse ou alcoolique.* L'action est souvent bien différente. L'hydrate de baryte s'emploie à l'état de lait ou de dissolution, suivant l'énergie de l'hydratation que l'on veut produire. — La température à laquelle on opère peut également être variable.

L'hydrate de baryte est un hydratant très commode, car on l'élimine facilement au moyen de l'acide sulfurique, quelquefois de préférence au

moyen de l'acide carbonique, des produits organiques de l'hydratation.

Il est, au contraire, très difficile de se débar-
rasser totalement des sels de potasse et de soude.

B. — RÉACTIFS DÉSHYDRATANTS

Les principaux déshydratants employés sont :
L'acide sulfurique;
Le chlorure de zinc fondu;
L'anhydride phosphorique.
Ils agissent en s'emparant de l'eau d'une ou de
plusieurs molécules organiques.

1º L'acide sulfurique et l'anhydride phosphorique s'emploient par mélange direct avec la
substance à la température ordinaire; on porte ce
mélange à une température voulue pendant un
temps variable, suivant l'énergie de la déshydratation cherchée. Il faut cependant éviter, autant
que possible, une élévation trop grande de température.

Souvent l'action de l'acide sulfurique ne se
borne pas à une déshydratation simple, il poly-
mérise les produits de la réaction; c'est ainsi que
l'action de l'acide sulfurique sur l'alcool amylique
produit du diamylène et même des produits plus
condensés qui ne sont point en rapport simple avec
l'alcool amylique.

2° **Le chlorure de zinc s'emploie fondu et concassé en petits fragments.** — Dans la plupart des cas, le chlorure de zinc ne se transforme pas simplement par la réaction en chlorure hydraté; il se forme aussi des sels organiques d'oxyde de zinc.

On peut citer quelques exemples de l'action des réactifs déshydratants :

Un *sel ammoniacal* perdant de l'eau donne un amide, un nitrile, etc...

$$\text{(eq.)} \; R\,O^4\,Az\,H^3 = H^2\,O^2 + R\,O^2\,Az\,H^2$$
$$\text{Amide}$$
$$\text{(atom.)} \; R\,O^2\,Az\,H^3 = H^2\,O + R\,O\,Az\,H^2$$

Un *acide* peut donner un anhydride, corps formé avec ou sans condensation moléculaire.

Un *alcool* donne un carbure. Cette réaction s'effectue surtout avec l'acide sulfurique concentré à chaud ou avec le chlorure de zinc solide.

Un *sel d'amine* par perte des éléments de l'eau donnera un alcalamide.

3° L'acide sulfurique ne se conduit pas toujours aussi nettement qu'il a été dit dans les réactions ci-dessus indiquées. Quand on le fait agir concentré et chaud, il peut, surtout avec les corps de la série grasse, provoquer une décomposition complète de la molécule organique. Les produits les plus simples de la réaction sont du gaz carbonique, du gaz oxyde de carbone et de l'eau ; telle est l'action qu'il exerce sur l'acide oxalique.

C. — RÉACTIFS OXYDANTS.

Le mode de décomposition d'une substance soumise à l'action des oxydants ne dépend pas seulement de sa constitution, mais aussi de la nature de l'oxydant employé.

Les réactifs oxydants se divisent en :
1° Réactifs agissant par oxydation directe.
2° Réactifs agissant par oxydation indirecte.

Examinons successivement ces deux modes d'action.

1° Réactifs oxydants agissant par oxydation directe.

Permanganate de potasse. — Il s'emploie en solution, soit neutre, soit alcaline; l'oxydation se conduit bien.

Elle est souvent plus marquée en solution alcaline.

On peut aussi l'employer en solution acide.

Bichromate de potasse et acide sulfurique. — On emploie souvent le mélange de bichromate de potasse et d'acide sulfurique étendu. Ce mélange, placé dans une cornue tubulée, est légèrement chauffé; on y fait tomber la substance goutte à goutte au moyen d'un entonnoir à robinet si la substance est liquide; on l'ajoute par petites portions si elle est solide. On obtient rapidement le terme supérieur d'oxydation.

Acide chromique. — L'acide chromique doit parfois être préféré au mélange précédent; il produit une oxydation plus régulière; les produits d'oxydation obtenus sont plus voisins des composés primitifs.

Cette dernière condition est surtout réalisée si on opère à froid et avec une solution étendue d'acide chromique.

Quelquefois on dissout les corps à oxyder dans l'acide acétique cristallisable.

Bioxyde de manganèse. — Le mélange de bioxyde de manganèse et d'acide sulfurique a été employé beaucoup autrefois — Son emploi paraît délaissé aujourd'hui, mais il peut être utile d'y revenir dans certains cas.

Oxygène. — L'oxygène, surtout en présence de la lumière, oxyde facilement certains produits organiques : l'action est tantôt lente, tantôt rapide.

On le fait agir soit à froid, soit à chaud.

Il transforme ainsi les aldéhydes en acides.

Certains phénols, particulièrement les phénols

polyatomiques, en présence de potasse ou de soude fixent rapidement l'oxygène de l'air.

Le noir de platine facilite aussi la fixation de l'oxygène. On sait qu'en sa présence l'alcool est transformé en aldéhyde et en acide acétique.

Ozone. — L'action oxydante de l'ozone est bien plus marquée que celle de l'oxygène.

Oxyde d'argent. — Il transforme les aldéhydes en acides. Il s'empare de l'iode, du chlore ou du brome de certains composés et cède son oxhydryle.

Solutions salines. — Certaines solutions salines, comme, l'oxyde de cuivre en solution dans le tartrate de potasse (liqueurs de Fehling, de Barreswil, etc...), abandonnent l'oxygène de l'oxyde à un grand nombre de substances organiques.

Acide chlorochromique. — L'acide chlorochromique est un oxydant énergique.

On le fait agir en solution dans le sulfure de carbone sur la substance organique, soit en solution, soit en suspension dans ce liquide.

On peut opérer à froid ou à chaud; généralement on opère à froid en prolongeant le contact.

Son action sur les carbures benziniques substitués est assez curieuse; les chaînons les plus éloignés du noyau benzinique sont successivement attaqués et le groupe carboné terminal est transformé soit en (at.) COH soit en (at.) CO^2H (Étard).

Ferricyanure de potassium. — En présence des alcalis, ce sel, en se transformant en ferrocyanure, oxyde d'une façon très régulière ; aussi est-il employé avec succès toutes les fois que l'on veut obtenir, comme produit d'oxydation principal, un composé très voisin de la substance que l'on oxyde.

Acide nitrique étendu. — L'acide nitrique étendu est un oxydant commode auquel on a souvent recours. Quand on le fait agir, il suffit d'éviter la formation des produits de substitution nitrée.

Peroxyde de plomb. — L'acide plombique est un oxydant comparable au bioxyde de manganèse.

Il peut dans certains cas transformer les carbures en carbures condensés moins riches en hydrogène : $C^n H^p$ devient ainsi $C^{2n} H^{2p} - 4$. (Voyez Behr, Van Dorp, *Ber. der deut. chemi. Gesell.*, t. VI, 753.)

Cette réaction n'est point la seule qu'il soit susceptible de produire. (Smith. *Ber.*, t. IX, 467 XII., 720.)

Sur les produits sulfurés son action est analogue à celle de l'oxyde mercurique : on constate la même tendance à s'emparer du soufre et il y a formation de sulfure de plomb.

2° Réactifs oxydants agissant par oxydation indirecte.

Chlore et brome. — Le chlore oxyde indirectement les composés organiques.

Supposons qu'il agisse sur un carbure forménique, il agira comme l'indique la réaction écrite ci-dessous :

$$(\text{eq.})\ C^{2n}\,H^{2n}\,+\,^{2}\,+\,Cl^{2} = H\,Cl\,+\,C^{2n}\,H^{2n}\,+\,^{1}\,Cl$$
$$(\text{at.})\ C^{n}\,H^{2n}\,+\,^{2}\,+\,Cl^{2} = H\,Cl\,+\,C^{n}\,H^{2n}\,+\,^{1}\,Cl$$

On pourra dans cette formule remplacer le chlore par un hydroxyle.

$$(\text{eq.})\ C^{2n}\,H^{2n}\,+\,^{1}\,Cl\,+\,H^{2}\,O^{2} = H\,Cl\,+\,C^{n}\,H^{2n}\,(H^{2}\,O^{2})$$
$$(\text{at.})\ C^{n}\,H^{2n}\,+\,^{1}\,Cl\,+\,H^{2}\,O = H\,Cl\,+\,C^{n}\,H^{2n}\,+\,^{1}\,(OH)$$

Il y a donc ici oxydation indirecte.

Prenons un autre exemple :

$$(\text{eq.})\ C^{2}\,H^{4}\,+\,Cl^{2} = C^{2}\,H^{3}\,Cl\,+\,H\,Cl$$
$$(\text{at.})\ C\,H^{4}\,+\,Cl^{2} = C\,H^{3}\,Cl\,+\,H\,Cl$$

puis,

$$(\text{eq.})\ C^{2}\,H^{3}\,Cl\,+\,H^{2}\,O^{2} = C^{2}\,H^{3}\,(H^{2}\,O^{2})\,+\,H\,Cl$$
$$\text{ou}\ C^{2}\,H^{4}\,O^{2}\,+\,H\,Cl$$
$$(\text{at.})\ C\,H^{3}\,Cl\,+\,H^{2}\,O = C\,H^{3}\,(O\,H)\,+\,H\,Cl$$

On peut appliquer cette même réaction aux acides et l'on obtiendra des acides plus oxygénés. Les réactions qui ont servi à effectuer la synthèse de l'acide tartrique sont en effet les suivantes :

$$\text{(eq.)} \quad C^8 H^6 O^8 + 2 Br^2 = C^8 H^4 Br^2 O^8 + 2 H Br$$

$$\text{(eq.)} \quad C^8 H^4 Br^2 O^8 + 2 H^2 O^2 = C^8 H^4 (H^2 O^2)^2 O^8 + 2 H Br$$

$$\text{(At.)} \quad
\begin{cases}
C\,O\,O\,H \\
CH^2 \\
CH^2 \\
CO\,OH
\end{cases}
+ 2\,Br^2 =
\begin{cases}
CO\,OH \\
CH.\,Br \\
CH.\,Br \\
CO\,OH
\end{cases}
+ 2\,H\,Br$$

$$\text{(At.)} \quad
\begin{cases}
CO\,OH \\
CH\,Br \\
CH\,Br \\
CO\,OH
\end{cases}
+ 2\,H\,O^2 =
\begin{cases}
CO\,OH \\
CH\,OH \\
CH\,OH \\
CO\,OH
\end{cases}
+ 2\,H\,Br$$

L'oxyde d'argent peut être employé pour effectuer cette réaction.

Si le chlore a été substitué dans un composé acide, on le remplacera par l'oxhydryle au moyen de la soude. Un acide (at.) $R\,H\,C\,O^2\,H$ devient $R\,Cl\,C\,O^2\,H$, puison a

$$\text{(at.)} \quad R\,Cl\,COOH + 2\,Na\,OH = R\,(OH)\,COO\,Na + Na\,Cl$$

De même l'action de l'acide sulfurique sur la benzine, puis l'action de la soude sur le dérivé formé donne un phénate : ceci répond à un phénomène d'oxydation, la benzine devenant du phénol sodé, en at. $C^n H^{2n-7} O\,Na$.

Iode. — L'iode peut être utilisé comme agent oxydant. Pour arriver à ce résultat dans un corps organique, on remplace H par I, puis on fait agir l'oxyde d'argent; mais l'iode donne rarement lieu à des phénomènes de substitution ; il est nécessaire de saturer H I à mesure qu'il se forme. Généralement c'est par des procédés détournés qu'on introduit l'iode dans les molécules organiques.

(Voyez les conditions d'action de l'iode dans Beilstein, 2° édition, p. 99.)

Chlorure ferrique. — La perchlorure de fer en solution aqueuse peut, dans certains cas, être utilisée comme oxydant peu énergique.

Pour faire agir le perchlorure de fer sur une substance organique il est très commode, quand on le peut, d'exposer au soleil jusqu'à décoloration le mélange de perchlorure de fer et du composé organique en dissolution dans l'eau.

Lorsque cette action oxydante porte sur des corps organiques à molécule élevée, on trouve presque toujours de l'acide formique parmi les produits de l'oxydation.

Il colore les phénols en bleu violet ou en bleu vert. Les dérivés ortho des phénols se colorent également en bleu, mais non les isomères méta ou para. L'hydrogène phénolique étant remplacé par des radicaux alcooliques ou acides, le perchlorure de fer paraît ne plus donner de réaction colorée,

Remarque générale sur l'oxydation des composés organiques.

Dans l'oxydation des substances organiques, quel que soit le procédé auquel on aura recours, et ceux indiqués ci-dessus sont évidemment loin d'être les seuls, on doit toujours se rappeler que l'oxydation des composés organiques peut avoir lieu :

1° Par élimination simple d'hydrogène ;

2° Par élimination d'hydrogène et fixation d'oxygène, ce qui peut dans certains cas être considéré comme une substitution de l'oxygène à l'hydrogène éliminé ;

3° Par addition simple d'oxygène ;

4° Par réaction complexe, de l'eau pouvant être décomposée, une partie de la molécule organique s'hydrogénant tandis que l'autre s'oxyde. Ce dédoublement peut être relativement simple et les produits formés conservent des rapports manifestes avec le corps primitif ;

5° Par réaction complexe mal définie, les produits de réaction ne présentent alors pas de rapports simples et facilement appréciables avec le composé primitif. Il est ordinairement difficile de tirer bénéfice de telles réactions. On doit tâcher d'atténuer la réaction, et l'étude des différents

produits éclaire souvent sur la constitution possible du corps qu'on examine.

D. — FÉACTIFS HYDROGÉNANTS

Les réactifs hydrogénants peuvent agir :

Soit en
{
1° Cédant de { *a.* En se décomposant.
l'hydrogène. { *b.* En décomposant l'eau.
2° S'emparant de l'oxygène.

On peut dresser le tableau suivant qui repré·
sente ce mode de réduction.

Les réactifs hydrogénants agissent en

Cédant de l'hydrogène	S'emparant de l'oxygène	S'emparant de l'oxygène de l'eau et dégageant de l'hydrogène
Ac. sulfhydrique.	Acide sulfureux.	Métaux.
Sulf. d'ammonium.	A. hyposulfureux.	Métaux alcalins à l'état d'amalg.
Ac. iodhydrique.	A. hydrosulfureux.	Mét. proprement
Etc.	Formiate de chaux	dits et acides.

On connaît bien d'autres réactifs réducteurs ou
hydrogénants ; mais de tous, le plus important, vu
les conditions thermiques de sa formation, vu, ce
qui en est la conséquence, les résultats qu'il a donnés, est l'acide iodhydrique. Examinons d'abord
le mode d'action de cet acide.

ACIDE IODHYDRIQUE

M. Berthelot a indiqué (*Ann. de phys. et de chim.* (4), t. XXX, p. 399) l'emploi de l'acide iodhydrique comme hydrogénant.

Cette méthode est applicable à tous les corps organiques ; elle fournit, quels que soient les composés mis en expérience, des composés d'hydrogénation ultime de la classe des hydrures.

Mode opératoire. — Le mode opératoire employé pour obtenir le maximum d'hydrogénation est le suivant :

L'acide iodhydrique doit avoir pour densité 1,80 à 2. On le fait agir sur la substance en tubes scellés, chauffés au bain d'huile à une température comprise entre 200° et 280° ; il ne faut jamais dépasser cette température, dans ces conditions, la pression des gaz à l'intérieur des tubes est d'une centaine d'atmosphères [1].

Introduction de la matière dans les tubes. — L'introduction de la matière dans les tubes se fait comme dans les opérations ordinaires en tubes scellés : si la matière est solide, on l'introduit avant d'étrangler les tubes ; si elle est liquide, on l'introduit après, au moyen d'un entonnoir à douille

[1] Tubes scellés. Voy. Jungfleisch. *Manip. chimiq.* p. 338 344.

très effilée; on chasse l'air par un courant de gaz carbonique, on introduit l'acide iodhydrique et on ferme le tube.

La substance doit être pesée avant l'opération, et pour obtenir l'hydrogénation maxima il faut pour une partie de la substance employer de 20 à 30 p. en général, quelquefois même de 80 à 100 p. d'acide iodhydrique en dissolution ($D = 1.80$ à 2).

Ouverture des tubes. — La façon d'ouvrir les tubes varie suivant que l'on veut ou non mesurer le volume des gaz formés; nous examinerons ce cas spécialement.

On retire avec précaution le tube de son étui de fer, on le plonge quelque temps dans un mélange réfrigérant énergique, afin de diminuer la pression des gaz à l'intérieur du tube. On l'introduit sous une grande éprouvette pleine de mercure sur la cuve à mercure, la pointe effilée tournée vers le haut, par un choc très léger, on casse cette pointe contre les parois de l'éprouvette. — Le gaz sort régulièrement par la pointe effilée et déprime le mercure.

La lecture du mélange gazeux se fait comme à l'ordinaire. — On absorbe le gaz iodhydrique en excès (et l'acide carbonique introduit au début de l'opération) par la potasse, et on lit de nouveau le volume du gaz. — On procède à l'analyse des carbures gazeux par les méthodes ordinaires.

Si on ne veut pas mesurer les gaz on ouvre les tubes à la lampe d'émailleur.

Le résidu contenu dans le tube est solide, liquide, ou formé d'une partie solide et d'une partie liquide. — Il est toujours utile de doser l'iode mis en liberté dans la réaction, au moyen d'une solution d'acide sulfureux titré : ce renseignement est parfois précieux. — On sépare l'iode des produits de la réaction. On étudie les carbures formées par les procédés indiqués au chapitre *Carbures*.

PRODUITS DE L'HYDROGÉNATION DES SUBSTANCES ORGANIQUES PAR L'ACIDE IODHYDRIQUE. — Un produit organique est en général transformé par cette méthode en carbure saturé, renfermant le même nombre d'atomes de carbone que le composé primitif.

Avant d'arriver à l'hydrogénation complète d'un *composé*, il se produit des *composés* intermédiaires.

Les halogènes sont remplacés par l'hydrogène en fournissant des carbures ayant le même type que les composés halogénés; puis ces derniers sont transformés en termes plus hydrogénés.

De même, l'oxygène des composés oxygénés est remplacé par l'hydrogène; la molécule passe par les intermédiaires par lesquels elle a passé du fait de l'oxydation ménagée de son carbure fondamental. Les réactions se produisent en sens inverse.

Les *éthers mixtes* sont transformés en deux hydrures correspondant aux alcools générateurs.

Les alcalis organiques reproduisent l'ammoniaque et le carbure générateur.

Les alcalis primaires, secondaires, et tertiaires reproduisent un, deux et trois hydrures correspondant à chacun des radicaux alcooliques substitués à l'hydrogène de l'ammoniaque.

FORMIATE DE CALCIUM

On transforme un acide gras en aldéhyde en chauffant le sel de calcium de cet acide avec du formiate de calcium (Piria).

$$(\text{Eq.}) \quad C^{2n} H^{2n-1} Ca O^4 + C^2 H Ca O^4 = C^{2n} H^{2n} O^2$$
$$+ C^2 Ca^2 O^6$$

$$(\text{At.}) \quad (C^n H^{2n-1} O^2)^2 Ca + (C H O^2)^2 Ca = 2(C^{n-1} HO^{n-1} CO H)$$
$$+ 2 Ca CO^3$$

L'acide formique transforme également un alcool polyatomique en alcool diatomique (Henninger).

L'aldéhyde formique, agissant à l'état naissant, est un réactif réducteur puissant.

MÉTAUX

1° Les métaux alcalins s'emploient à l'état d'amalgames : ils donnent l'oxyde du métal alcalin et l'hydrogène formé, ou réduit le corps organique avec formation d'eau ou se fixe sur la molécule organique;

2° Certains métaux, attaqués par les acides, donnent un sel du métal et l'hydrogène, ou réduit le corps organique, ou se fixe sur lui, ou enfin peut se dégager;

3° Certains métaux au rouge s'emparent de l'oxygène du corps organique et laissent un produit de réduction plus ou moins marquée. Ex. : du zinc au rouge transforme les phénols et les quinones en carbures.

E. – RÉACTIFS DE CHLORURATION, BROMURATION, IODURATION

Les halogènes agissent sur les substances organiques par substitution ou par addition :

1° Ils se substituent à l'hydrogène.

$$\text{(éq.) } C^{2n} H^{2n+2} + 2 Cl^2 = C^{2n} H^{2n} Cl^2 + 2 HCl$$
$$\text{(at.) } C^n H^{2n+2} + 2 Cl^2 = C^n H^{2n} Cl^2 + 2 CHl$$
$$\text{(éq.) } C^{12} H^6 + Cl^2 = C^{12} H^5 Cl + HCl$$
$$\text{(at.) } C^6 H^6 + Cl^2 = C^6 H^5 Cl + HCl$$

La substitution est facilitée par addition d'un peu d'iode.

Dans la série aromatique en présence d'un peu d'iode, la substitution se fait dans le carbure fondamental, c'est-à-dire dans le noyau aromatique et non dans les chaînes latérales.

2° Ils s'ajoutent :

$$(\text{éq.}) \quad C^{2n} H^{2n} + Br^2 = C^{2n} H^{2n} Br^2$$
$$(\text{at.}) \quad C^n H^{2n} + Br^2 = C^n H^{2n} Br^2$$

3° En présence d'eau ils agissent comme oxydants.

L'oxydation résulte d'une déshydrogénation et
d'une fixation d'oxygène.

$$(\text{éq.}) \quad C^{2n} H^{2n} O^4 + 3 O^2 = C^{2n} H^{2n-2} O^8 + H^2 O^2$$
$$(\text{at.}) \quad C^n H^{2n} O^2 + 3 O = C^n H^{2n-2} O^4 + H^2 O$$

Pour que l'iode agisse de même, il faut saturer
H I à mesure qu'il se forme. L'iode ne se fixe généralement sur les corps organiques que par voie indirecte.

Bien qu'on fasse agir les halogènes dans des conditions multiples, on peut cependant ramener l'ensemble de ces conditions d'action à quelques cas
très simples, et considérer spécialement :

1° Les halogènes libres, p. 79;

2° Les chlorures ou oxychlorures, bromures et
iodures de phosphore, p. 81;

3° Le chlorure de sulfuryle, p. 83.

1° Halogènes libres.

On fait agir l'halogène libre sur les composés
organiques soit à froid, soit à chaud.

Dans beaucoup de cas, on favorise l'attaque par les procédés suivants :

a. Addition d'une petite quantité d'iode, on attaque par l'halogène avec ou sans élévation de température.

b. Addition de chlorure d'aluminium.

c. Enfin on recommande l'addition de bromure d'aluminium (Gutavson) : en présence de ce sel l'action du brome est tellement vive qu'il faut mettre quelquefois le vase dans lequel se fait la réaction dans un mélange réfrigérant. Souvent, cependant, on peut en versant le brome par petites portions et en agitant beaucoup se contenter de refroidir avec un bain d'eau.

Remarque. — On connaît l'énergie avec laquelle le brome et l'acide nitrique attaquent certaines substances organiques et les dangers que présente ce genre de réactions.

M. Buff atténue la violence de la réaction en se servant, pour faire arriver le brome ou l'acide nitrique dans la substance, d'un siphon capillaire dont l'ouverture est plus ou moins petite.

C'est ainsi qu'on obtient facilement le bromure d'amylène difficile et dangereux à préparer par une autre méthode. (*Annalen d. chem. und pharm.*, t. CLXXIV, p. 99 et 379.)

2° Chlorures, bromure et iodure de phosphore.

Ces réactifs sont surtout employés pour substituer les halogènes soit à l'oxygène, soit à l'oxhydryle. Les anhydrides donnent lieu à la première substitution, les hydrates à la seconde.

Avec le perchlorure de phosphore deux atomes de chlore peuvent être mis en liberté et se substituer à l'hydrogène. Examinons l'action de chacun des chlorures de phosphore.

Chlorures de phosphore. —*Pentachlorure.* Le perchlorure de phosphore agit sur certains carbures en donnant un carbure monochloré, de l'acide chlorhydrique et du trichlorure de phosphore. Avec les alcools il donne de l'éther chlorhydrique ; on peut dire que Cl remplace l'oxhydryle, ce qui est la même réaction.

(éq.) $C^4 H^6 O^2 + P Cl^5 = C^4 H^5 Cl + H Cl + P O^2 Cl^3$

(at.) $C^2 H^5 O H + P Cl^5 = C^2 H^5 Cl + H Cl + P O Cl^3$

Avec un alcool diatomique, la même réaction se répète une seconde fois.

(éq.) $C^{2n} H^{2n} (H^2 O^2)^2 + 2 P Cl^5 = C^{2n} H^{2n} (Cl^2) + 2 H Cl + 2 P O^2 Cl^3$

(at.) $R'' (O H)^2 + 2 P Cl^5 = R'' Cl^2 + 2 H Cl + 2 P O Cl^3$

Avec un acide il donne le chlorure acide : c'est encore Cl remplaçant l'oxhydryle O H.

(éq.) $C^{2n} H^{2n} O^4 + P Cl^5 = C^{2n} H^{2n-1} Cl O^3 + H Cl$
$$+ P O^2 Cl^3$$

(at.) $R COO H + P Cl^5 = R C O Cl + H Cl + P O Cl^3$

Avec un acide alcool, soit un acide monobasique et monoalcoolique, on aura l'oxhydryle alcoolique remplacé par Cl; il en sera de même de l'oxhydryle acide. Ex.: action du perchlorure de phosphore sur l'acide glycolique.

(At.) $CH^2 OH CO^2 H + 2 P Cl^5 = CH^2 Cl CO Cl + 2 H C$

Chlorure chloracétique

$$+ 2 PO Cl^3$$

Avec un éther phénolique on a :

(éq.) $C^{12} H^5 (R) O^2 + P Cl^5 = C^{12} H^4 Cl R O^2 + H Cl$
$$+ P Cl^3$$

at.) $C^6 H^5 O R + P Cl^5 = C^6 H^4 Cl O R + H Cl + P Cl^3$

En agissant sur les aldéhydes, il remplace un atome d'oxygène par Cl^2.

(éq.) $C^4 H^4 O^2 + P Cl^5 = C^4 H^4 Cl^2 + P O^2 Cl^3$
(at.) $C^2 H^4 O + P Cl^5 = C^2 H^4 Cl^2 + P O Cl^3$

Il agit de même sur les acétones.

Trichlorure. — Il agit sur les acides comme le pentachlorure, mais la réaction est plus avantageuse.
(éq.) $3 (C^4 H^4 O^4) + P Cl^3 = 3 (C^4 H^3 O^2 Cl) + P O^3 3 H O$
(at.) $3 C H^3 C O O H + P Cl^3 = 3 C H^3 CO Cl + P (O H)$

Il agit de même sur les alcools.

(éq.) $3 C^{2n} H^{2n+2} O^2 + P Cl^3 = 3 C^{2n} H^{2n} Cl + P O^3 3 H O$
(at.) $3 R O H + P Cl^3 = 3 R Cl + P H^3 O^3$

Oxychlorure de phosphore. — Il agit sur les alcools comme les deux chlorures PCl^3 et PCl^5.

Il agit sur les acides, mais quand ils sont à l'état de sels, et il donne soit un chlorure acide, soit l'anhydride de l'acide.

Bromures et iodures de phosphore. — Ils agissent comme les chlorures de phosphore. Au lieu de chlore, c'est du brome ou de l'iode qu'ils introduisent dans les molécules organiques. L'iodure de phosphore est un agent de réduction énergique; il transforme la glycérine en iodure d'allyle.

CHLORURE DE SULFURYLE

éq. $S^2 O^5 Cl^2$ at. $S O^2 Cl^2$. Le chlorure de sulfuryle est employé comme agent de chloruration.

Avec les alcools primaires, on a H remplacé par (éq.) $S^2 O^4 Cl^2$ ou (at.) $SO^2 Cl$.

(Éq.) $C^4 H^6 O^2 + S^2 O^4 Cl^2 = C^4 H^4 (S^2 O^4)(H Cl) + H Cl$.

(At.) $C^2 H^5 . OH + SO^2 Cl^2 = C^2 H^5 O . SO^2 Cl + H Cl$.

Avec les phénols diatomiques on a des phénols chlorés, exemple :

at. $C^6 H^6 O^2 + SO^2 Cl^2 = C^6 H^5 Cl O^2 + H Cl + SO^2$

$C^6 H^6 O^2 + 3 SO^2 Cl^2 = C^6 H^5 Cl^3 O^2 + 3 H Cl + 3 S O^2$

F. — RÉACTIFS DIVERS

Sous le titre de réactifs divers on doit comprendre non seulement des réactifs dont il n'a point été parlé ci-dessus, mais aussi certains de ceux dont on a étudié l'action principale, et qui peuvent agir autrement dans des conditions différentes de celles indiquées déjà.

1° Acide sulfurique

L'action de l'acide sulfurique est différente suivant son degré de concentration.

L'acide sulfurique, *étendu* d'une très grande proportion d'eau, agit comme hydratant. Exemple.

Acétamide + Acide sulfurique étendu = Acide acétique + Sulfate d'ammoniaque.

Glucoside + Acide sulfurique étendu ⥊ Glucose...

L'acide sulfurique *concentré* peut agir de plusieurs façons. Il y a trois modes principaux d'action à constater :

1° *C'est un déshydratant.* — C'est ainsi qu'il transforme les alcools de formule at. $C^n H^{2n} + {}^1 OH$ en hydrocarbures $C^n H^{2n}$ par élimination de $H^2 O$; c'est ainsi qu'il transforme l'acide oxalique en acide carbonique et oxyde de carbone, etc. ;

2° *Il produit des changements moléculaires.* — Il

transforme beaucoup de substances, par simple contact, en isomères ou en polymères.

3° *Il fait des doubles décompositions.* — Il peut ainsi donner naissance soit à des éthers neutres ou acides, soit à des composés sulfonés.

Dans les chlorures de radicaux ou les chlorures acides Cl est remplacé par (éq.) $HS^2 O^8$ ou (at.) HSO^4.

Avec les carbures dérivés de la benzine, tels que

$$(At.)\ C^6 H^5 R'\ \text{il donne}\ C^6 H^4 (SO^3 H) R'$$
$$(At.)\ C^6 H^4 R^2\ \text{il donne}\ C^6 H^3 (SO^3 H) R^2$$
$$\text{qu'on peut écrire}\ (SO^3 H)(C^6 H^3)R^2$$

Avec certains composés aromatiques de formule (éq.) $R H S^2$, (at) $R HS$, on a :

$$(Eq.)\ 2(R.\ HS^2) + S^2 H^2 O^8 = R^2 S^4 + S^2 O^4 + 2 H^2 O^3$$
$$(At.)\ 2(R.\ HS) + H^2 SO^4 = R^2 S^2 + SO^3 + 2 H^2 O$$

2° Acide nitrique

L'acide nitrique agit très énergiquement sur la plupart des composés organiques en donnant des produits de substitution nitrée; c'est surtout à ce point de vue qu'il doit être étudié.

L'acide nitrique étendu agit surtout comme oxydant.

Réactions de substitution. — L'acide nitrique, en

général, enlève à la molécule organique un atome d'hydrogène qui se trouve remplacé par le radical de l'acide nitrique.

Soit : éq. Az O^4

At. Az O^2

Les produits de cette substitution ont un caractère différent suivant que la substitution a lieu dans le radical hydrocarboné d'une molécule organique ou dans un groupe oxygéné fixé sur le radical; dans le premier cas on obtient les composés nitrés proprement dits, dans le second les éthers nitriques.

3° Acide azoteux

L'acide azoteux agit différemment quand son action s'exerce sur un corps en solution aqueuse ou sur un corps en solution alcoolique.

Le corps est en solution aqueuse. — L'acide azoteux agit comme oxydant; il peut décomposer certains corps azotés, dégager l'azote de ces corps en même temps que le sien et régénérer ainsi les produits les plus simples constituant les molécules.

Le corps est en solution alcoolique. — L'acide azoteux se substitue à l'hydrogène du corps organique pour donner soit des composés nitrosés (Az O^2, ou en at. Az O se substituant à H), soit des corps diazoïques Az pouvant remplacer H^3 dans deux molécules d'une amine par exemple.

4° Acides hypochloreux et hypobromeux

Ces deux acides produisent des actions absolument différentes avec les conditions dans lesquelles on les fait agir. Ces différentes actions rentrent cependant dans deux séries de réactions. Les acides hypochloreux et hypobromeux s'ajoutent purement et simplement au composé organique α, ou oxydent le composé organique β.

α. Ils se fixent sur les carbures non saturés. C'est ainsi que par action sur une oléfine, ils donnent une monochlorhydrine.

Exemple :

$$(Eq.)\ C^4 H^4 + Cl\ O.\ HO = C^4\ H^2\ (H^2\ O^2) H\ Cl$$

Monochlorhydrine du glycol

$$(Atom.)\ \begin{matrix} C\ H^2 \\ \| \\ C\ H^2 \end{matrix} + Cl\ O\ H = \begin{matrix} C\ H^2\ Cl \\ \| \\ C\ H^2\ (O\ H) \end{matrix}$$

β. En présence d'eau, ces acides agissent comme des oxydants énergiques.

5° Acide chloreux

L'acide chloreux peut se combiner aux composés organiques pour fournir des produits d'addition,

Il suffit, pour faire agir ce réactif, de traiter les composés par un mélange d'acide sulfurique étendu et de chlorate de potasse (Carius *Ann. der. chim. und pharm.*, t. CX L, p. 317).

Ce réactif peut aussi agir comme oxydant.

De ces réactifs on pourrait logiquement rapprocher l'eau régale.

Eau régale. — On connaît l'action de l'eau régale, ou on peut la prévoir. Mais remarquons qu'une eau régale à base de brome ne donne pas de coloration avec l'aniline, la diméthylaniline, la diphénylamine, le naphtol, etc., tandis qu'elle colore la résorcine et l'orcine.

6° Hydracides

Acides chlorhydrique et bromhydrique. — Ces acides, dans leurs réactions sur les corps organiques, donnent des phénomènes d'addition ou de double décomposition. Ils se combinent aux chlorures, bromures non saturés en donnant deux isomères suivant la façon dont l'hydracide est fixé sur la molécule du composé (Reboul).

Ils font une double décomposition avec les composés contenant de l'oxhydryle. Le chlore ou le brome des hydracides prend la place de l'oxhydryle dans le composé.

Acide iodhydrique. — Gaz iodhydrique. — Lorsqu'on fait agir le gaz iodhydrique entre 0° et 4° sur les oxydes des radicaux alcooliques mono-atomiques ou plus simplement sur les éthers mixtes, il se produit les réactions suivantes :

a. Si l'éther contient deux mêmes radicaux alcooliques, l'hydrogène d'une molécule d'acide iodhydrique remplace l'un des radicaux, et il se produit l'iodure de l'autre radical, c'est-à-dire l'éther iodhydrique.

b. Si dans l'éther les radicaux monoatomiques sont différents, l'hydrogène remplace le radical alcoolique le moins riche en carbone ; il se forme l'iodure de ce radical. La netteté avec laquelle se produit cette réaction lorsque l'éther contient le groupe at. CH^3 permet d'obtenir le résultat pratique suivant :

Il est difficile, par exemple, de transformer en alcool un éther chlorhydrique ; pour tourner cette difficulté, on le traite par la potasse en solution méthylique, on obtient un éther mixte méthylé qui, soumis à l'action du gaz iodhydrique entre 0° et 4°, donne facilement l'alcool correspondant au radical du chlorure initial.

(Silva. — *Ann. de phys. et de chim.* [5] t. VII, p. 425-432).

7° Oxychlorure de sulfuryle

Pour l'emploi de ce réactif, voyez : Claesson *Jour. für prakt. Chem.* (2), t. XX, Armstrong. *Ber. der chem. Gesell,* t. IV, 2061. Beckurts et Otto *Berichte der chem. Gesell,* t. XI, 2058, 2061.

8° Alcalis

Les principales réactions exercées par les alcalis sont les suivantes :

α. Les solutions aqueuses de potasse et de soude dédoublent les amides et les nitriles en ammoniaque et en acides.

Avec les nitriles, il peut, dans certains cas, y avoir formation partielle d'amide.

β. Les éthers sont décomposés en sels alcalins et en alcool.

γ. Les dérivés haloïdiques de la série grasse réagissent sur les alcalis en donnant un chlorure alcalin, un oxhydryle remplace un Cl, et dans le cas d'un composé dont la forme atomique serait R Cl CO OH on a R (OH) CO OK.

δ. Avec des dérivés haloïdiques de la série aromatique une lessive aqueuse ou alcoolique de potasse agit quand l'halogène est dans la chaîne latérale.

S'il est dans le noyau aromatique, il y a échange quand le corps haloïdique est près d'un groupément nitré.

ε. Quand on opère par fusion avec les alcalis, tout le chlore est remplacé par O H.

ζ. De même par fusion le groupement HSO^3 est remplacé par O H ; un acide sulfoné donne ainsi un phénol.

L'acide benzolsulfurique donne par exemple du phénol, du sulfite de potasse et de l'eau.

9° Ammoniaque

a. L'ammoniaque en tant que base se comporte en chimie organique comme en chimie minérale.

b. Mise en présence d'un grand nombre de composés, dans des conditions extrêmement variables, elle perd un ou plusieurs hydrogènes typiques qui sont remplacés par des radicaux dont la composition peut varier à l'infini et dont la valence varie de 1 à 3.

c. Deux, trois, quatre molécules d'ammoniaque peuvent entrer en réaction, l'ensemble de ces molécules se conduisant alors comme une seule. De ces réactions, il résulte une immense variété de corps azotés.

d. Elle donne encore la série des réactions sui
vantes :

1° — Elle s'unit directement par addition.

(eq) $C^4 H^4 O^2 + Az H^3 = C^4 H^4 (Az H^3) O^2$
(at.) $CH^3 COH + Az H^3 = C H^3 C O H . Az H^3$

2° — Elle s'unit avec élimination d'eau :

$3 C^6 H^6 O^2 + 2 Az H^3 = 3 H^2 O^2 + (C^6 H^6)^3 Az^2$
$3 C^3 H^6 O + 2 Az H^3 = 3 H^2 O + (C^3 H^6)^3 Az^2$

3° — Les chlorures, iodures, bromures des radicaux ou éthers des hydracides donnent avec l'ammoniaque des amines.

(eq.) $C^4 H^4 H i + Az H^3 = C^4 H^4 Az H^3 H I$
(at.) $C^2 H^5 I + Az H^3 = C^2 H^5, Az H^2 H I$

4° Les éthers composés régénèrent l'alcool et
donnent un amide

(eq.) $C^4 H^4 (C^4 H^4 O^4) + Az H^3 = C^4 H^6 O^2 + C^4 H^4 (Az H^2) O^2$
(at) $CH^3 CO OC^2 H^5 + Az H^3 = C^6 H^5 OH + Az H^3 (C^2 H^3 O.)$

5° Les dérivés de substitution chlorée de certains acides réagissent sur l'ammoniaque avec
formation de chlorhydrate d'ammoniaque et d'a-
mides spéciaux.

10° Sels métalliques

SULFITES

Les sulfites alcalins donnent à l'ébullition avec

les chlorures, bromures ou iodures alcooliques, la réaction suivante :

$$\text{(eq) } R\,I + S^2\,K^2\,O^5 = K\,R\,S^2\,O^6 + K\,I$$
$$\text{(at.) } R\,I + S\,K^2\,O^3 = K\,R\,S\,O^3 + K\,I$$

soit

$$\text{(éq.) } C^4\,H^3\,Cl\,O^4 + S^2\,K^2\,O^5 = K\,C^4\,H^3\,O^4\,S^2\,O^6 + K\,Cl$$
$$\text{(at.) } CH^2\,Cl.\,CO\,OH + SK^2\,O^3 = CH^2\,(K\,SO^3)\,CO\,OH + K\,Cl$$

Hémilian (*Ann. der Chem. u. Pher.* T. CLXVIII. 145) conseille d'employer de préférence le sulfite d'ammoniaque.

Au point de vue atomique on peut admettre que dans ces réactions soit I, soit Cl est remplacé par le groupement atom. $K\,SO^3$.

Cette réaction est applicable également aux corps de la série aromatique.

DISULFITES ALCALINS

Ils sont surtout employés pour séparer les composés à fonction aldéhydique.

SEL MARIN

Le chlorure de sodium est employé depuis longtemps pour diminuer la solubilité de certains corps dans l'eau. Son addition à la solution aqueuse de ces corps en détermine la précipitation partielle plus ou moins complète ; c'est ainsi que le chlorure de sodium séparera un savon alcalin de sa solution aqueuse; c'est ainsi qu'il précipitera un glucoside soluble dans l'eau ; c'est ainsi qu'industriellement il peut être utilisé pour précipiter des matières colorantes. Le chlorure de sodium ne possède pas seul cette propriété; d'autres sels la partagent avec lui.

SELS DE BARYTE

Le carbonate de baryte artificiel donnera avec certains acides organiques des sels parfaitement définis et solubles.

Quand le sel de baryte d'un acide est insoluble, on forme un sel alcalin et on effectue une double décomposition avec le chlorure de baryum.

Le dosage de la baryte, dosage facile et exact, est alors utilisé pour la détermination du poids moléculaire ou plus souvent de la basicité de l'acide.

SELS DE PLOMB

On utilise non seulement la litharge, ou l'oxyde précipité, mais les acétate et sous-acétate de plomb.

On opère en solution aqueuse ou alcoolique. Il ne faut point oublier que le plomb a tendance à donner des sels basiques. Il faut de plus s'assurer de la pureté des sels de plomb ; ils contiennent assez souvent du sulfate de chaux (M. Schlag-denhauffen).

AZOTATE D'ARGENT

Sel utilisé pour déterminer le poids moléculaire des acides, cette détermination étant fait-simultanément avec les sels de plomb et de bac ryum.

Les sels d'argent présentent un avantage sur les sels de baryum, et surtout sur les sels de plomb: c'est qu'ils n'ont point la même tendance à donner des sels basiques.

SELS DE PLATINE ET D'OR

Les chlorures d'or et de platine servent ordinairement à déterminer le poids moléculaire des alcalis artificiels ou naturels.

L'emploi de ces réactifs n'est soumis à aucune règle spéciale.

On doit chercher à obtenir des produits cristallisés. Il faut se mettre à l'abri des réductions, ces réductions étant dues ou à des impuretés ou à la constitution même du corps examiné.

Les déterminations exactes des poids d'or ou de platine, et de l'eau de cristallisation doivent être faites.

De plus la constatation du point de fusion de

ces sels a parfois son importance. Ce caractère ne peut pas être utilisé, si la température de fusion amène une décomposition profonde du corps organique.

SOLUTION ALCALINE DE CUIVRE

Elle se conduit comme oxydant et il se forme de l'oxydule de cuivre.

Cette action est bien connue : il suffit de rappeler l'emploi des différentes liqueurs cuivriques utilisées pour le dosage du glucose.

11° Radicaux d'acides

Les chlorures acides sont utilisés pour préparer les amides.

Dans l'étude des alcalis naturels spécialement, l'action des radicaux acides, qu'on fait agir à l'état de chlorures, peut renseigner sur la formule vraie de ces alcalis. Elle peut indiquer combien d'atomes d'hydrogène sont remplaçables par ces radicaux. Or, la connaissance de ce point spécial peut dans certains cas, la densité de vapeur ne pouvant être prise, servir dans la détermination du poids moléculaire.

12° **Ethers chlorhydriques, bromhydriques et iodhydriques ou chlorures, bromures et iodures alcooliques.**

Ces éthers sont des réactifs précieux pour étudier les éthers ammoniacaux ou amines.

Le composé qu'il semble préférable d'employer est ordinairement l'éther iodhydrique ou iodure alcoolique.

Si pour simplifier on représente un éther ammoniacal ou amine par

$$\left.\begin{array}{l} R \\ H \\ H \end{array}\right\} Az \qquad \left.\begin{array}{l} R \\ R \\ H \end{array}\right\} Az \qquad \left.\begin{array}{l} R \\ R \\ R \end{array}\right\} Az$$

Les iodhydrates correspondants seront :

$$\left.\begin{array}{l} R \\ H \\ H \end{array}\right\} Az\,H\,I. \qquad \left.\begin{array}{l} R \\ R' \\ H \end{array}\right\} Az\,H\,I \qquad \left.\begin{array}{l} R \\ R' \\ R'' \end{array}\right\} Az\,H\,I$$

Par action de l'éther iodhydrique R' I, on aura Si R = R' = R''.

$$\left.\begin{array}{l} R \\ R \\ R \\ R' \end{array}\right\} Az\,I \text{ ou } \left.\begin{array}{l} R \\ R \\ R \end{array}\right\} Az\diagup\!\!\diagdown\begin{array}{l} R' \\ I. \end{array}$$

ce dernier corps dérivant de l'ammonium.

Cette réaction est utilisable dans l'étude des alcalis artificiels et des alcalis naturels. On conçoit facilement les développements qu'on pourrait donner à cette question. (Voir II⁰ partie, *Composés azotés* et *Alcalis*.)

13° **Chlorure d'aluminium.**

Le chlorure d'aluminium est un des composés les plus précieux qu'on puisse utiliser en chimie organique. Mais c'est avant tout un instrument de synthèse et non d'analyse. C'est ainsi qu'en sa présence un mélange d'iodure d'amyle et de benzine donne de l'amylbenzine; de même l'iodure d'éthyle et la benzine donnent de l'éthylbenzine; de de même le chloroforme et la benzine donnent du triphénylméthane.

On lira avec fruit les mémoires de MM. Friedel et Crafts publiés aux Annales de physique et de chimie et les études spéciales faites sur ce sujet. Mais ces recherches ont été appliquées à des corps de la série aromatique.

Récemment, M. A. Combes vient d'obtenir avec le chlorure d'aluminium de nouveaux résultats présentant un notable intérêt; en étudiant l'action du chlorure d'aluminium sur des corps de la série grasse, les chlorures acides et les aldéhydes chlorés, il a trouvé une réaction conduisant à la préparation d'acétones gras. Le chlorure d'aluminium et le chlorure acétique à 45°-50° donnent un vif dégagement de gaz chlorhydrique et un corps blanc, form. at. $C^{12} H^{14} O^6 Al^2 Cl^8$, que l'eau décompose avec production de gaz carbonique et formation d'acétylacétone. Cet acétylacétone monosodé avec les éthers iodhydriques, en tubes scellés, à 130°-140°, donne les homologues de l'acétylacétone, soit, avec l'iodure d'amyle, l'amylacétylacétone. (Comp. rend. 2 nov. 1886; 21 mars 1887; 28 mars 1887.)

DEUXIÈME PARTIE

DÉTERMINATION DES FONCTIONS

CHAPITRE PREMIER

ESSAIS PRÉLIMINAIRES

Avant de passer à l'application des différentes méthodes indiquées dans cette seconde partie, avant d'appliquer à un corps obtenu l'ensemble des réactions spéciales indiquées plus loin (l'analyse élémentaire de la substance ayant été faite avec le plus grand soin), on devra s'arrêter aux remarques suivantes qui établissent des probabilités sur la fonction du composé étudié.

L'analyse élémentaire indique que le produit est formé de :

1° *Carbone et hydrogène* : **Carbure**. (Voyez p. 105.)

2° *Carbone hydrogène et oxygène.* — On examine alors les caractères suivants :

a. Le corps est neutre et *susceptible de donner un éther*. — On se trouve probablement en présence d'un **alcool**. (Voyez II° partie, chap. III.)

b. Il présente des propriétés réductrices : **Aldéhyde**. (Voyez chap. V.)

c. La substance examinée est traitée par une solution titrée de baryte à chaud.

α. *La solution est partiellement saturée.*— Il s'est formé un sel de baryte SOLUBLE OU INSOLUBLE (*renseignement utile*). On constate la présence d'un alcool dans la liqueur ; la substance dédoublée en acide et alcool doit donc être un **éther composé**. (Voyez chap. VI.)

β. *La solution n'est point saturée* même partiellement. On ne constate que la formation d'un ou plusieurs composés à fonction alcoolique. (Voyez **Ethers** ou **oxydes de radicaux**, chap. VI.)

d. La substance examinée présente une réaction acide. (Voyez ACIDES, chap. VII.)

3° *Carbone, hydrogène, azote.* — On peut être en présence des composés suivants :

AMINES.

ALCALOÏDES NON OXYGÉNÉS.

PIRIDINES, QUINOLÉINES.

NITRILES.

Etc... (Voyez chap. VIII.)

4° *Carbone, hydrogène, azote, oxygène.*

AMINES OXYGÉNÉES.

OXYPYRIDINES, OXYQUINOLÉINES.

DÉRIVÉS CYANÉS.

ALCALOÏDES NATURELS.

AMIDES, ACIDES AMIDÉS.

PRODUIT DE SUBSTITUTION NITRÉE.

Etc... (Voyez chap. VIII.)

Remarque. — On devra dans le cas de ces com·posés quaternaires, s'assurer tout d'abord que l'on ne se trouve pas en présence d'un éther des acides de l'azote.

5° On a constaté à l'analyse élémentaire la présence du soufre, du phosphore, de l'arsenic, ou de certains métaux.

Cette indication suffit, pour classer le composé étudié à la place qu'il occupe parmi les composés organiques.

Après cet essai préliminaire, on appliquera les procédés indiqués au chapitre spécial concernant chaque fonction.

6° En règle générale, avec les composés à fonction simple, on ne rencontrera point de difficultés sérieuses, tandis qu'avec les corps à fonction complexe, les hypothèses possibles deviennent telles, que l'habitude seule de la chimie organique peut permettre d'arriver à une conclusion présentant quelque valeur.

Passons maintenant à l'étude spéciale de chaque fonction, en commençant par les carbures, puisqu'ils ont servi de point de départ pour effectuer la synthèse de produits rentrant dans toutes les autres fonctions organiques (Berthelot).

7º *Le corps examiné est un* **gaz**. — Les limites restreintes de cet *Essai analytique* ne permettent pas de développer cette question. On consultera les traités classiques d'analyse et de manipulation chimiques, les méthodes gazométriques de Bunsen et le fascicule de l'*Encyclopédie chimique* de M. Frémy traitant de l'analyse du gaz.

CHAPITRE II

CARBURES

DÉTERMINATION DE LA FONCTION CARBURE

La fonction carbure d'un composé s'établit par l'analyse élémentaire de ce composé obtenu à l'état de pureté. La somme du carbone et de l'hydrogène doit être égale au poids de la matière analysée, c'est-à-dire que, si l'analyse donne en centièmes $C = X$, $H = Z$, on doit trouver $X + Z = 100$.

Théoriquement, cette donnée est très simple ; mais pratiquement, on rencontre parfois des difficultés, qu'il est cependant toujours possible de vaincre.

MÉTHODES GÉNÉRALES EMPLOYÉES POUR L'ÉTUDE DES CARBURES

Les chiffres de l'analyse élémentaire indiquant dans un corps uniquement la présence de l'hydrogène et du carbone, les autres essais concordant avec les résultats donnés par l'analyse élémentaire, le corps examiné est un carbure.

Ce premier résultat demande à être confirmé et à être précisé. On y arrive en traitant le corps examiné par les méthodes ci-dessous indiquées.

Il faut déterminer, de plus, à quelle classe de carbure appartient le carbure examiné.

L'étude d'un carbure présente toujours une haute importance, vu la quantité de dérivés qui s'y rattachent, soit par addition, soit par substitution.

C'est par l'étude raisonnée des carbures que la chimie organique a pris toute son extension : les méthodes employées dans ce but ont contribué pour une large part à donner à la chimie organique le caractère doctrinal qu'elle présente aujourd'hui.

L'étude des carbures est donc la base de la chimie organique.

C'est surtout M. Berthelot qui a placé la question sur ce terrain et on sait tout le bénéfice que la science en a pu tirer.

Pour étudier les carbures, on applique les procédés suivants :

I. Hydrogénation des carbures.

II. Déshydrogénation.

III. Oxydation.

IV. Action des halogènes { 1° Méth. d'addition. { 2° — de substitut.

V. Action des acides.

VI. Action du sodium et des sels d'argent sur les éthers chlorhydriques, bromhydriques et iodhydriques
$\left\{\begin{array}{l} 1° \text{ Action du sodium.} \\ 2° \text{ Méthode des sels d'argent.} \end{array}\right.$

En outre, on détermine dans quelle classe le carbure doit être rangé. Voyez *Classification des carbures*, p. 119.

Passons à l'hydrogénation des carbures.

I

Hydrogénation des carburés

M. Berthelot a donné (*Ann. Phys. et Chim.* [*IV*], t. XX, p. 402), une méthode générale pour l'hydrogénation des carbures. Elle consiste à chauffer en tubes scellés le carbure avec une solution d'acide iodhydrique, au maximum de concentration, à une température variant de 150 à 280°. A cette température, l'acide iodhydrique se dissocie ; l'hydrogène, à l'état naissant, est très apte à entrer en combinaison et à transformer les carbures en carbures au maximum d'hydrogénation.

$$\text{(éq.)} \quad C^{2n} H^{2n} + 2\, HI = C^{2n} H^{2n+2} + I^2$$
$$\text{(at.)} \quad C^{n} H^{2n} + 2\, HI = C^{n} H^{2n+2} + I^2$$

Mode opératoire. — M. Berthelot a constaté

que, pour obtenir l'hydrogénation complète d'une substance donnée, il faut employer ordinairement un poids d'acide iodhydrique quatre à cinq fois supérieur à celui indiqué par le calcul, ce qui représente souvent un poids de dissolution ($D = 1,80$ à 2) 80 à 100 fois plus considérable que celui de la substance à hydrogéner. On maintient le carbure et l'acide iodhydrique en tube scellé pendant 10 à 12 heures, quelquefois même pendant 20 heures, à une température très variable, mais qui doit toujours être inférieure à 300°. A cette dernière température, la tension de dissociation est considérable et peut occasionner l'explosion des tubes.

Après refroidissement, on ouvre les tubes avec précaution et on étudie les produits gazeux, liquides et solides qui se sont formés, cette étude étant faite conformément à la méthode exposée au chapitre : *Réactifs hydrogénants, acide iodhydrique*, page 74.

L'acide iodhydrique permet donc de transformer le corps considéré comme un carbure en un carbure saturé, s'il n'était point primitivement saturé. Tout carbure se transformera, sous son influence, en $C^{2n} H^{2n+2}$ ou en atomes en $C^n H^{2n+2}$. C'est là une donnée très importante, et l'on doit toujours tâcher d'arriver à ce résultat.

II

Déshydrogénation des carbures

Par une méthode inverse, la méthode dite de *déshydrogénation*, partant d'un carbure quelconque, on peut obtenir le carbure contenant deux atomes d'hydrogène en moins que le carbure initial.

Supposons un carbure saturé

$$\text{Eq. } C^{2n} H^{2n+2} \quad \text{At. } C^n H^{2n+2},$$

on peut obtenir successivement la série des carbures suivants :

(éq.) $C^{2n} H^{2n}$	(at.) $C^n H^{2n}$
$C^{2n} H^{2n-2}$	$C^n H^{2n-2}$
$C^{2n} H^{2n-4}$	$C^n H^{2n-4}$

On commence par former un bibromure, soit $C^{2n} H^{2n} Br^2$; ce bibromure traité par la potasse alcoolique donne le monobromure correspondant ; ce dernier traité par l'alcool iodé correspondant au carbure initial donne le carbure éthylénique. Ces réactions s'expriment par les équations ci-dessous posées. Soit pour le carbure Eq. $C^{2n} H^{2n+2}$. At. $C^n H^{2n+2}$.

I

$$\text{(éq.)} \quad C^{2n} H^{2n} Br^2 + K HO^2 = C^{2n} H^{2n-1} Br + K Br + H^2 O^2$$
$$\text{(at.)} \quad C^n H^{2n} Br^2 + K OH = C^n H^{2n-1} Br + K Br + H^2 O$$

II

$$\text{(éq.)} \quad C^{2n} H^{2n-1} Br + C^n H^{2n+1} Na O^2 = C^{2n} H^{2n-2} + Na Br + H^2 O^2$$
$$\text{(at.)} \quad C^n H^{2n-1} Br + C^n H^{2n+1} Na O = C^n H^{2n-2} + Na Br + H^2 O$$

C'est par cette méthode que M. Caventou a transformé le butylène, at. $C^3 H^6$ en crotonylène $C^3 H^4$, et M. Reboul, l'amylène, at. $C^5 H^{10}$ en valerylène $C^5 H^8$.

D'une manière générale étant donné un carbure, on peut dire que le bibromure de ce carbure s'obtiendra 1º soit par substitution dans le cas d'un carbure saturé :

$$\text{(éq.)} \quad C^{2n} H^{2n+2} + 2 Br^2 = C^n H^{2n} Br^2 + 2 H Br$$
$$\text{(at.)} \quad C^n H^{2n+2} + 2 Br^2 = C^n H^{2n} Br^2 + 2 H Br$$

et il y a alors production d'acide bromhydrique, 2º soit par addition directe.

$$\text{(éq.)} \quad C^{2n} H^{2n} + Br^2 = C^{2n} H^{2n} Br^2$$
$$\text{(at.)} \quad C^n H^{2n} + Br^2 = C^n H^{2n} Br^2$$

c'est le cas des oléfines ou carbures éthyléniques.

Ajoutons cependant que les paraffènes at. $C^n H^{2n}$,

dont la constitution est différente de celle des oléfines donneraient par substitution

(éq.) $C^{2n} H^{2n} + 2 Br^2 = C^{2n} H^{2n} - {}^2 Br^2 + 2 H Br$
(at.) $C^n H^{2n} + 2 Br^2 = C^n H^{2n} - {}^2 Br^2 + 2 H Br$

De plus, un carbure acétylénique $C^n H^{2n-2}$ donnera

(éq.) $C^{2n} H^{2n} - {}^2 + Br^2 = C^{2n} H^{2n} - {}^2 Br^2$
(at.) $C^n H^{2n} - {}^2 + Br^2 = C^n H^{2n} - {}^2 Br^2$
(éq.) $C^{2n} H^{2n} - {}^2 + 2 Br^2 = C^{2n} H^{2n} - {}^2 Br^4$
(at.) $C^n H^{2n} - {}^2 + 2 Br^2 = C^n H^{2n} - {}^2 Br^4$

En revenant au cas le plus simple et en supposant la formation de (at.) $C^n H^{2n} Br^2$, ce bromure
sous l'influence de la potasse alcoolique donnera un
carbure acétylénique, éq. $C^{2n} H^{2n-2}$, at. $C^n H^{2n-2}$.

III

Oxydation des carbures

L'étude des produits d'oxydation des carbures ne
peut être une méthode générale de caractérisa-
tion.

Elle a fourni de bons résultats au point de
vue de la synthèse chimique ; et est susceptible
dans quelques cas d'indiquer la constitution du
carbure qu'on a oxydé. Mais l'oxydation des carbures de la série grasse fournit souvent des produits multiples et très différents, dont il est parfois

difficile de tirer quelques déductions utiles ; au contraire, les carbures de la série aromatique donnent en général de l'acide benzoïque comme produit principal. On peut rencontrer en même temps des acides toluiques, phtaliques, etc... (Voir *Oxydation des carbures aromatiques*, p. 127), acides qui peuvent fournir certaines indications sur la constitution du carbure.

IV

Action des halogènes sur les carbures

« Beaucoup de composés, disait Dumas, perdent, lorsqu'on les soumet à l'action du chlore, un certain nombre d'équivalents d'hydrogène, qui sont éliminés sous la forme d'acide chlorhydrique et sont remplacés par un nombre égal d'équivalents de chlore ; cette transformation ne détermine aucune modification essentielle dans les propriétés physiques et chimiques du corps primitif. » Dumas arrivait à cette conclusion : « Le chlore joue dans le composé nouveau le même rôle que l'hydrogène dans le corps primitif. »

En effet, il reste vrai que le corps chloré, bromé ou iodé, conserve les allures les plus générales du carbure qui lui a donné naissance.

Les méthodes employées pour former ces combinaisons se divisent en deux classes :

Ces méthodes sont { 1° Méthodes d'addition.
{ 2° Méthodes de substitution.

1° Méthodes d'addition. — Ces méthodes sont seulement applicables aux carbures non saturés. Les combinaisons sont de trois sortes :

α. *Dichlorhydrines, dibromhydrines, diiodhydrines* des glycols complets ou incomplets correspondant aux carbures et bichlorures, bibromures, biiodures de ces *dichlorhydrines, bromhydrines, iodhydrines*, si les glycols sont incomplets.

$$(at.) \ (CH^2)^n \ \text{donnera} \ (CH^2)^n \ Br^2$$
$$(CH)^n \qquad (CH)^n \ Br^2 \ Br^2$$

β. *Ethers simples des alcools monoatomiques*, si le carbure incomplet est combiné aux hydracides.

$$(at.) \ C^n H^{2n} + HCl = C^n H^{2n+1} Cl$$

γ. *Monochlorhydrines, bromhydrines*, si on fixe les acides hypochloreux et hypobromeux sur le carbure incomplet.

$$(at.) \ C^n H^{2n} + ClOH = \begin{cases} C^{\frac{n}{2}} H^n Cl \\ C^{\frac{n}{2}} H^n OH. \end{cases}$$

Remarque. — On admet que l'élément halogénique qui se fixe sur un carbure incomplet se fixe toujours sur le groupe le moins hydrogéné de ce carbure.

2º Méthodes de substitution. — Ces méthodes sont applicables à tous les carbures saturés. L'halogène, après avoir enlevé un ou plusieurs atomes d'hydrogène au carbure, s'y substitue atome pour atome sans modifier la molécule.

MODE OPÉRATOIRE

Méthodes de chloruration. — L'action du chlore sur les carbures a été indiquée au chapitre *Réactifs*, pp. 69 et 79. Rien à dire de particulier sur la façon de faire agir le chlore sur les carbures.

Méthodes de bromuration. — Voyez pages 69, 78, 79 et 80.

Méthodes d'ioduration. — L'iode attaque plus difficilement les carbures que le chlore et le brome. Il n'agit guère directement que sur les carbures saturés. Voyez pages 70, 78 et suivantes.

Emploi des chlorures, bromures de phosphore. Voyez page 81.

V

Action des acides sur les carbures

L'action des acides sulfurique et nitrique est surtout importante dans l'étude analytique des carbures d'hydrogène.

Action de l'acide sulfurique. — L'acide sulfurique absorbe les carbures incomplets, assez difficilement ; il donne des éthers acides régénérant l'alcool correspondant au carbure, même sous l'influence de l'eau.

Le carbures forméniques ne sont pas attaqués.

Les carbures aromatiques soumis à l'action de l'acide sulfurique, à une température supérieure à 80°, donnent des acides sulfoconjugués qui soumis à l'action de la potasse en fusion, donnent le phénol correspondant au carbure.

Action de l'acide nitrique. — L'acide nitrique est d'un emploi difficile avec les carbures gazeux de la série grasse. Les carbures liquides et solides de cette série sont attaqués plus facilement.

L'action exercée par l'acide nitrique sur les carbures aromatiques est plus importante ; il en résulte des *composés nitrés*, transformables par réduction finale en amines aromatiques. Ces dernières enfin peuvent fournir, sous l'influence de certains réactifs, des réactions colorées caractéristiques dans beaucoup de cas.

VI

Action du sodium et action des sels d'argent sur les éthers chlorhydriques, bromhydriques, iodhy-

driques ou chlorures, bromures, iodures de radicaux alcooliques.

1° ACTION DU SODIUM SUR LES IODURES ALCOOLIQUES

M. Wurtz, en 1855, a montré que lorsqu'un éther
iodhydrique est traité par le sodium, tout l'iode
est enlevé et le radical monoatomique de l'iodure,
ne pouvant exister à l'état libre, se combine à lui-
même.

$$\text{(éq.)} \quad 2(C^{2n}H^{2n+1}I) + 2\,Na = 2\,Na\,I + 2\,(C^{2n}H^{2n+1})$$
$$\text{ou} \quad C^2 + {}^{2n}H^2{}^{(2n+1)}$$
$$\text{(at.)} \quad 2\,(C^n H^{2n+1}I) + 2\,Na = 2\,NaI + \left.\begin{matrix} C^n H^{2n+1} \\ C^n H^{2n+1} \end{matrix}\right\rangle$$

On peut, par cette méthode, associer deux radicaux monoatomiques différents et obtenir un carbure mixte.

2° MÉTHODE DES SELS D'ARGENT

Lorsqu'on traite les éthers chlorhydriques, bromhydriques, iodhydriques ou chlorures, bromures,
iodures des radicaux organiques par un sel d'argent, l'argent est précipité à l'état de chlorure,
bromure, iodure, et le radical métalloïdique, uni
d'abord à l'argent, se combine au radical carboné
du composé halogénique.

$$\text{(éq.)} \left\{ C^{2n}H^{2n+1}I + R'Ag = C^{2n}H^{2n+1}R' + Ag\,I \right.$$
$$\text{(at.)} \left\{ C^n H^{2n+1}I + R'Ag = C^n H^{2n+1}R' + Ag\,I \right.$$

$$(\text{éq.}) \quad C^{2n}H^{2n}I^2 + 2\,R\,Ag = C^{2n}H^{2n}R^2 + 2\,Ag\,I$$

$$(\text{at.}) \quad C^{n}H^{2n}I^2 + 2\,R\,Ag = C^{n}H^{2n}\!\!<\!\!{R \atop R} + 2\,Ag\,I$$

Cette méthode est d'un emploi fréquent. Elle présente quelques particularités propres à chaque classe de carbures.

En général, il vaut mieux, dans ces doubles décompositions employer les iodures organiques que les chlorures et bromures : la réaction est plus nette et plus rapide.

On peut obtenir tous les éthers d'un alcool par ce procédé : M. Wurtz, en 1852, a ainsi préparé tous les éthers de l'alcool isobutylique.

Les équations suivantes représentent ce mode de réaction.

$$(\text{éq.}) \quad C^2H^3I + C^4H^3AgO^4 = C^2H^2(C^4H^4O^4) + Ag\,I$$
$$(\text{at.}) \quad C\,H^3I + C\,H^3.CO.O\,Ag = C\,H^3\,CO\,O\,C\,H^3 + Ag\,I$$

| Iodure de méthyle. | Acétate d'argent. | Acétate de méthyle. | Iodure d'argent. |

$$(\text{éq.}) \quad 2\,C^4H^3AgO^4 + C^4H^4I^2 = C^4H^2(C^4H^4O^4)^2 + 2\,Ag\,I$$
$$(\text{at.}) \quad 2\,C^2H^3AgO^2 + C^2H^4I^2 = {C H^3.COO \atop C H^3.COO}\!\!>\!\!C^2H^4 + 2\,Ag\,I$$

| Acide acétique. | Iodure d'éthylène. | Glyc. diacétique. | Iodure d'argent. |

En faisant agir sur certains radicaux alcooliques l'oxyde d'argent hydraté, on fixe sur le radical organique le groupe O H. (reste monovalent de l'eau) et on obtient un alcool :

$$(\text{éq.}) \quad C^4H^5.I + Ag\,O.HO = C^4H^6O^2 + Ag\,I$$
$$(\text{at.}) \quad C^2H^5.I + Ag\,OH = C^2H^5.OH + Ag\,I$$

Le nitrite d'argent est également très souvent employé. — Il peut donner lieu à deux genres de réactions :

1° On obtient un éther.

$$(\text{éq.})\ C^{2n} H^{2n+1} I + Az O^3\, Ag\, O = Ag\, I +$$
$$C^{2n} H^{2n+1} Az\, O^4 \ \text{ou}\ C^{2n} H^{2n} (Az\, O^3\, HO)$$
$$(\text{at.})\ C^{n} H^{2n+1} I + Az\, O^2\, Ag = Ag\, I +$$
$$C^{n} H^{2n+1} Az.O^2 \ \text{ou}\ C^{n} H^{2n} (Az\, O^2\, H)$$

2° On obtient un dérivé nitré.

$$(\text{éq.})\ (C^{2n} H^{2n+1} I) + Ag\, O.\, Az\, O^3 = Ag\, I +$$
$$C^{2n} H^{2n+1} (Az\, O^4)$$
$$(\text{at.})\ C^{n} H^{2n+1} I + Az\, O^2\, Ag = Ag\, I +$$

$$C^{n} H^{2n+1} - Az \!\!\! \diagdown\!\!\!\diagup \begin{matrix} O \\ \| \\ O \end{matrix}$$

Mode opératoire. — On fait agir le plus souvent les iodures des radicaux organiques sur les sels d'argent, soit à l'ébullition dans un appareil à reflux, soit en tubes scellés. La réaction terminée, on sépare la partie liquide de la portion solide ; on la distille, et on recherche dans le résidu de cette distillation et dans la partie solide contenant les sels d'argent le corps organique solide qui pourrait s'être formé.

Il est toujours bon de mélanger intimement les sels d'argent à du sable fin pour régulariser la réaction.

Remarque. — Dans beaucoup de cas, on applique cette même méthode en remplaçant les sels d'argent par les sels alcalins ou les sels de baryte, mais en modifiant quelque peu le mode opératoire.

CLASSIFICATION DES CARBURES D'HYDROGÈNE

La fonction carbure d'un composé étant établie il faut déterminer à quelle classe de carbures appartient le corps examiné.

Les carbures peuvent être classés comme il suit :

I. CARBURES SATURÉS. } Les C. forméniques. . . (éq.) $C^{2n} H^{2n+2}$

II. CARBURES NON SATURÉS {
Les carbures éthyléniques. (éq.) $C^{2n} H^{2n}$
Les carbures acétyléniques. $C^{2n} H^{2n-2}$
Les carbures camphéniques. $C^{2n} H^{2n-4}$
Les carbures benzéniques. $C^{2n} H^{2n-6}$

A ces derniers carbures on ajoutera les carbures parafféniques.

On peut encore adopter la classification donnée par M. Schützenberger. (*Traité de Chimie générale*, t. III, p. 46.)

Il divise les carbures en deux grandes familles : cette division est basée, non comme la précédente, sur l'action de l'acide iodhydrique, qui n'agissant point sur les carbures forméniques, agit sur tous les autres, mais plutôt sur l'ensemble des réactions de différents carbures. Cet ensemble de réactions conduit à considérer certains carbures comme résultant de l'enchaînement successif de groupements hydrocarbonés sur un groupement hydrocarboné primitif, sur le méthyle par exemple. De là une 1re famille :

1re FAMILLE. CARBURES à chaînes ouvertes, ou ACYCLIQUES.
- 1er groupe. *C. forméniques*. (at.) $C^n H^{2n} + 2$
- 2e — *C. ethyléniques*. $C^n H^{2n+2} — H^2$
- 3e — *C. acétyléniques*. $C^n H^{2n+2} — H^4$

La forme graphique avec laquelle on a représenté cette première famille de carbures, les a fait désigner aussi sous le nom de carbures arborescents.

Il n'en est point de même de certains autres carbures : leur mode de groupement hypothétique répond à des chaînes fermées, d'où 2e famille.

2e FAMILLE. CARBURES à chaînes fermées, ou CYCLIQUES.
- 1er groupe. *Paraffènes* . . . . (at.) $C^n H^{2n}$
- 2e — *Carbures benzéniques*. $C^n H^{2n} — 6$
- 3e — *Naphtaline* . . . . $C^{10} H^8$
- 4e — *Anthracène* . . . . $C^{14} H^{10}$
- 5e — *Carbures isomériques* . $C^{10} H^{16}$

Avant de faire spécialement l'examen des carbures de chaque groupe on cherchera approximativement à quel groupe appartient le carbure qu'on étudie, dans ce but on appliquera les réactions indiquées ci-après, en faisant agir chacun des réactifs comme il a été indiqué au paragraphe *Emploi des réactifs*.

On fait agir l'acide iodhydrique. On a

Pas d'action. Le carbure est un carbure forménique, **Carbure saturé.**

Formation d'un carbure plus hydrogéné. On peut avoir un
- Carb. acétylénique.
- — éthylénique.
- — benzénique.
- — camphénique.

Par action directe du brome, on aura

Un produit d'addition.
- Br^2 se fixe. **Carb. acétylénique.**
- Br^2 se fixe. **Carb. éthylénique.**

Un produit de substitution.

Par hydrogénation complète, on a un carbure saturé. Par oxydation, on aura destruction partielle, combinaison du gaz carbonique au carbure non décomposé. L'acide azotique donne des produits de substitution nitrée. — **Carbure benzénique.**

Par hydrogénation complète il se forme de l'hydrure d'amyle. Par oxydation des corps résineux et parfois des acides cristallisables. — **Carbures camphéniques.**

Le tableau précédent s'applique à l'examen d'un carbure unique et non à l'examen d'un mélange de carbures. C'est par action successive des réactifs qu'on arrivera à séparer un mélange de carbures. Supposons à l'état gazeux un mélange de carbures acétyléniques, éthyléniques et forméniques. L'emploi du chlorure cuivreux, du brome et de l'alcool permettra la séparation. (Voy. à ce sujet les publications de M. Berthelot.)

<h2 style="text-align:center">1re FAMILLE</h2>

CARBURES A CHAINE OUVERTE

ESSAI PRÉLIMINAIRE

Le carbure est soumis à l'action modérée du brome, en opérant comme on l'a indiqué précédemment. (Voyez pages 68, 78, etc.)

A. *Pas d'action sensible.* — On soumet le carbure aux réactions indiquées plus loin. **Carbure forménique.**

B. *Le carbure absorbe facilement le brome.* — On le met en contact avec le chlorure cuivreux ammoniacal, on a :

a. *Pas de précipité.* — On étudie ce carbure considéré comme **carbure éthylénique.**

b. *Un précipité.* — On examine la couleur de ce précipité et les propriétés du carbure qu'on suppose être un **Carbure acétylénique.**

CARACTÈRES GÉNÉRIQUES DES CARBURES DE LA PREMIÈRE FAMILLE

1er *groupe :* Carbures forméniques

$$(\text{éq.}) \ C^{2n} \ H^{2n} + 2$$
$$(\text{at.}) \ C^{n} \ H^{2n} + 2$$

Les carbures forméniques sont saturés, ils ne peuvent donner de produits d'addition. C'est le caractère prédominant de ces carbures.

Action des halogènes. — Les halogènes donnent avec les carbures forméniques des produits de substitution. — Les dérivés iodés ne peuvent être obtenus directement.

Le produit monosubstitué, traité par la méthode de Meyer (voyez *Alcools*), peut servir à étudier la constitution d'un carbure. Il est facilement transformé en alcool par la potasse en tube scellé à 100°.

Chauffés avec l'acétate de soude sec et l'acool absolu, en tube scellé, les composés halogéniques monosubstitués sont transformés en éthers acétiques dont l'examen physique peut fournir d'utiles renseignements.

$$2^e \ \textit{groupe} : \text{CARBURES ÉTHYLÉNIQUES}$$
$$\text{(éq.)} \ C^{2n} H^{2n}$$
$$\text{(at.)} \ C^{n} H^{2n}$$

Ces carbures sont biatomiques; cette propriété établit leurs caractères fondamentaux.

Halogènes. — Ils s'unissent aux halogènes pour former des dichlorhydrines, dibromhydrines, diiodhydrines du glycol correspondant au carbure.

Dans les réactions analytiques, on fait agir de préférence le brome sur les carbures éthyléniques.

Pour séparer à l'état de bromures les carbures éthyléniques dans un mélange de carbures, il faut éliminer les carbures acétyléniques avant le traitement par le brome.

On régénère le carbure éthylénique de son bromure, en le chauffant en tube scellé à 275° avec de la limaille de cuivre et de l'eau.

On peut fixer à la place des halogènes, des groupements divers par la méthode des sels d'argent.

Cette réaction réussit bien, surtout pour former les diacétines des glycols.

Action des acides. — Les carbures éthyléniques s'unissent directement aux acides et facilement aux hydracides en donnant des éthers.

Il est avantageux d'opérer en tubes scellés et de préférence avec les hydracides.

Les homologues de l'éthylène donnent des éthers qui peuvent être dérivés des alcools primaires ou secondaires : il faudra saponifier ces éthers et étudier la constitution de l'alcool.

3ᵉ groupe : CARBURES ACÉTYLÉNIQUES

$$(\text{éq.})\ C^{2n}\ H^{2n} - 2$$
$$(\text{at.})\ C^{n}\ H^{2n} - 2$$

Les carbures acétyléniques ont pour caractère principal de donner avec le chlorure cuivreux ammoniacal, un précipité dont la couleur est variable.

Ils forment également des combinaisons avec l'argent et le potassium.

Halogènes. — Les carbures acétyléniques s'unissent aux halogènes. Ils forment des composés contenant soit deux, soit quatre atomes d'halogène.

Remarque. — D'après M. Friedel, les carbures obtenus par l'action de la potasse alcoolique sur les acétones chlorés sont les vrais homologues de l'acétylène. (*Compte Rendu*, t. LXVII, 1192.)

8.

2ᵉ FAMILLE

CARBURES A CHAINE FERMÉE

CARACTÈRES

1ᵉʳ *groupe :* PARAFFÈNES

(éq.) $C^{2n} H^{2n}$
(at.) $C^n H^{2n}$

Les paraffènes se rencontrent dans diverses variétés de pétroles.

Ils se distinguent de leurs isomères de la série grasse par leur indifférence vis-à-vis des réactifs.

On a cherché à expliquer cette propriété en admettant que leurs éléments sont groupés en noyau fermé. (Schutzenberger et Ionine. *Compte Rendu*, t. XCI, 823.)

2ᵉ *groupe :* CARBURES AROMATIQUES

Les carbures aromatiques se forment spécialement dans les réactions pyrogénées. Ils dérivent soit de composés aromatiques complexes, soit de composés de la série grasse.

L'étude des produits de l'oxydation, de l'action de l'acide sulfurique, de l'action de l'acide nitrique, puis de la réduction des produits nitrés, dans certains cas l'étude des dérivés isomériques de position, permettent de déterminer si un carbure appartient à la série aromatique.

Le caractère prédominant des carbures de cette série est l'**isomérie de position**.

I. — OXYDATION DES CARBURES AROMATIQUES

Le terme initial de la série, la benzine, ne se comporte pas à l'oxydation d'une façon nette. Les produits de cette oxydation ne permettent pas de caractériser ce carbure.

L'étude des produits d'oxydation des carbures dérivés de la benzine par substitution a seule de l'importance, — elle peut renseigner sur les points suivants :

1° Nature de la modification apportée dans le noyau benzinique ;

2° Nombre d'atomes d'hydrogène substitués dans le noyau benzinique ;

3° Nature et position des radicaux substitués.

Mais il convient de contrôler dans beaucoup de cas les résultats par d'autres réactions d'un ordre différent.

Quand un carbure substitué est soumis à l'oxydation, l'oxygène se porte sur la chaîne latérale, l'oxyde, comme il oxyderait un groupement gras de même constitution, et le groupe at. C O O H résultant de l'oxydation du groupement latéral, reste fixé à la place de ce groupement.

On a ainsi, un acide aromatique, dont la basicité et la constitution sont variables avec le nombre et la nature des groupements et un ou plusieurs acides gras.

Réactifs employés pour l'oxydation

On emploie pour l'oxydation des carbures aromatiques, les oxydants décrits au chapitre *Réactifs* et le chlorure de chromyle.

Chlorure de chromyle. — Ce réactif indiqué par M. Etard porte surtout son action sur les chaînons les plus éloignés du noyau benzinique central.

On obtient surtout des aldéhydes et des acétones.

Remarque. — *Oxydation des carbures de l'orthosérie.* — On doit employer pour l'oxydation des carbures de cette série, soit le permanganate de potasse, soit l'acide nitrique.

Ces réactifs oxydent les carbures d'une façon assez régulière, tandis que les autres les détruisent complètement.

Action de l'acide nitrique

Les carbures de la série aromatique peuvent, par l'action de l'acide nitrique concentré, échanger 1, 2, 3 groupes at. $Az\,O^2$ contre 1, 2, 3 atomes d'hydrogène.

Les composés obtenus sont dits composés nitrés.

L'acide nitrique étendu donne simplement un phénomène d'oxydation.

L'acide nitrique employé pour nitrer les carbures aromatiques doit avoir une concentration variable suivant l'effet que l'on se propose de produire.

On l'emploie donc :

1° Acide nitrique ordinaire seul;

2° Acide nitrique mélangé à l'acide sulfurique ordinaire;

3° Acide fumant mélangé à l'acide sulfurique ordinaire ;

4° Acide fumant mélangé à l'acide sulfurique fumant.

On refroidit fortement l'acide convenablement choisi; on y introduit par petites portions le carbure à nitrer et on agite en évitant toute élévation de température; l'action terminée on précipite dans la plupart des cas le produit formé par addition d'un grand excès d'eau. On le sépare, on le lave plusieurs fois à l'eau froide.

Il est préférable, quand on le peut, de dissoudre d'abord la substance dans l'acide sulfurique ou quelquefois dans l'acide acétique cristallisable.

Le groupement éq. $Az\,O^4$, at. $Az\,O^2$ est toujours substitué à l'hydrogène du noyau benzénique.

Les dérivés nitrés des carbures donnent par hydrogénation des amines aromatiques que l'on peut souvent caractériser par des réactions colorées.

Remarque. — L'acide picrique donne avec les carbures à poids moléculaires élevés des picrates définis. Ils se forment en mélangeant les solutions saturées des carbures et de l'acide picrique dans la benzine ; la dinitroanthraquinone donne aussi avec les carbures des sels définis. Les différences de propriétés de ces sels permettent la séparation de certains carbures aromatiques. (Fritzsche, *Compte Rendu*, t. XLVII, 723 ; t. LIV, 910.)

II. — Action des halogènes

L'action des halogènes sur les carbures aromatiques peut engendrer :

1° Des produits d'addition ;

2° Des produits de substitution. — La substitution peut s'effectuer soit dans le noyau benzénique soit dans la chaîne latérale.

(Voyez ce qui a été dit page 78 et suivantes.)

Le chlore à froid donne de préférence des produits d'addition : c'est ainsi qu'avec la benzine, *sous l'influence de la lumière solaire*, il donne l'hexachlorure de benzine et qu'avec le toluène il donne l'hexachlorure de toluène, puis des produits ultérieurs de substitution.

A froid la substitution se fait toujours dans le noyau benzinique; à chaud, soit que le chlore agisse sur un liquide ou sur ses vapeurs la substitution se fait dans la chaîne latérale.

La substitution se fait beaucoup plus facilement et toujours dans le noyau benzinique, même à chaud, en présence de traces d'iode ou de sulfure de molybdène.

Pour obtenir un dérivé substitué à la fois dans le noyau aromatique et dans la chaîne latérale, il faut attaquer par le chlore en présence de perchlorure d'antimoine.

L'action du brome est analogue à celle du chlore dans les conditions précédemment décrites, mais moins énergique.

Le chlore, le brome, l'iode, substitués dans le noyau aromatique ne sont point déplacés par les alcalis caustiques. — Ce principe n'est vrai qu'autant que le nombre des atomes d'hydrogène substitués est faible ; ainsi la benzine hexachlorée se transforme en benzine trichlorée.

III. — ACTION DE L'ACIDE SULFURIQUE

La réaction suivante étudiée par Wurtz, Dusart, Kekulé, est caractéristique pour les carbures de la série aromatique :

Ces carbures *traités par l'acide sulfurique concentré donnent un sulfoconguguè.*

$$(\text{at.})\ C^6H^6 + SO^2 \Big\langle {}^{OH}_{OH} = SO^2 \Big\langle {}^{C^6}_{OH}{}^{H^5} + {}^{H}_{H}\Big\rangle O$$

Fondu avec la potasse, ce sulfocongugué donne le phénol correspondant au carbure :

$$(\text{at.})\ SO^2 \Big\langle {}^{C^6}_{OH}{}^{H^5} + 2\,KOH = {}^{C^6H^5}_{H}\Big\rangle O + H^2O + SO^3K^2.$$

Cette réaction est applicable même aux carbures les plus élevés dans la série aromatique.

5ᵉ *groupe :* CARBURES CAMPHÉNIQUES

Les carbures camphéniques ne présentent pas de réactions analytiques nettes et générales.

Ces carbures, par certaines propriétés se rapprochent des carbures de la série grasse, par d'autres des carbures de la série aromatique.

Tous fournissent par hydrogénation complète de l'hydrure d'amyle at. (C^5H^{12}).

Il est important dans la détermination de ces carbures d'examiner s'ils sont doués de pouvoirs rotatoires ou s'ils sont inactifs.

Par oxydation les carbures de la série camphénique donnent tous des résines acides.

L'oxydation n'est point ordinairement régulière, mais on a pu cependant obtenir des acides définis.

CHAPITRE III

ALCOOLS

Généralités

Les alcools, dérivés d'hydratation des carbures, sont neutres, volatils; ils s'unissent aux acides avec élimination d'eau pour former des éthers; se comportent dans toutes leurs réactions comme des hydrates de radicaux complexes jouant en chimie organique le rôle des métaux en chimie minérale.

Un alcool peut se combiner à 1, 2, 3... molécules d'acide, 1, 2, 3... molécules d'eau étant éliminées.

Le nombre de molécules d'eau éliminables et remplaçables par les acides caractérise l'atomicité d'un alcool. Cette atomicité dépend de l'atomicité du radical de l'alcool.

Il convient d'en étudier la constitution qui est évidemment celle du carbure générateur ou encore du radical hydrocarboné.

Les alcools étant liés au point de vue de la constitution à leurs carbures générateurs, il est évident qu'on aura des alcools primaires, secondaires et tertiaires.

Les alcools sont caractérisés atomiquement :

les *primaires* par le groupement CH^2OH
— *secondaires*   — $CHOH$
— *tertiaires*   — COH

Quant à l'alcool méthylique c'est forcément CH^3OH, qui le caractérise.

Kolbe l'a nommé carbinol et considère les autres alcools comme dérivés du carbinol; nous rappelons seulement ce point théorique.

On divise les alcools en :

$$
\text{Alcools.}
\begin{cases}
\text{Complets}
\begin{cases}
\text{Monoatomiques.}
\begin{cases}
\text{Primaires.} \\
\text{Secondaires.} \\
\text{Tertiaires.}
\end{cases} \\
\text{Polyat.}
\begin{cases}
\text{Biat.} \\
\text{Triat.}
\end{cases}
\begin{cases}
\text{Primaires.} \\
\text{Secondaires.} \\
\text{Tertiaires.} \\
\text{Primaires secondaires.} \\
\text{— tertiaires.} \\
\text{Secondaires tertiaires.}
\end{cases}
\end{cases} \\
\text{Incomplets}
\begin{cases}
\text{Ethyléniques.} \\
\text{Acétyléniques.}
\end{cases}
\end{cases}
$$

On doit considérer aussi que les alcools peuvent

dériver de carbures $\begin{cases} \text{de la série grasse.} \\ \text{de la série aromatique.} \end{cases}$

On parlera d'abord des alcools dérivés de carbures de la série grasse A. Pour ceux dérivés de carbures aromatiques B, voy. p. 152.

A

CARACTÈRES DES COMPOSÉS A FONCTION ALCOOLIQUE

Les composés à fonction alcoolique ont pour caractère de former des éthers par combinaison avec les acides et élimination d'eau.

Pour caractériser cette fonction dans un produit il suffira donc de pouvoir l'éthérifier. — L'éthérification de ce produit doit donner uniquement un éther ; si d'autres produits résultaient de la réaction on serait en présence d'un corps à fonction complexe.

Pour éthérifier un alcool il faut d'abord l'obtenir parfaitement exempt d'eau, celle-ci diminuant la facilité d'éthérification.

On mélange le produit avec un acide dont le choix peut varier suivant les circonstances, on le chauffe pendant longtemps en tube scellé ou au réfrigérant à reflux à une température voisine du point d'ébullition du mélange.

Souvent pour hâter l'éthérification on ajoute un *acide auxiliaire* (acide chlorhydrique ou sulfurique) propre à faciliter la formation de l'éther ou à en augmenter le rendement.

Après refroidissement, on sépare l'éther formé en traitant généralement soit le liquide provenant de l'opération, soit une portion distillée de ce liquide par un grand excès d'eau froide. — Il faut opérer très rapidement pour certains éthers et avec de l'eau bien froide.

L'éther se sépare, on le décante, on le traite pour une dissolution très légèrement alcaline [1], on le lave, on le sèche [2], on le distille enfin en prenant son point d'ébullition.

L'odeur développée dans certains cas est assez caractéristique pour certains alcools.

On peut encore pour éthérifier le mélange d'un alcool avec un acide y ajouter par petites portions du bichlorure d'étain (Ch. Girard et Chapoteaut) en évitant une trop grande élévation de température, puis chauffer ce mélange pendant quelques heures dans un appareil à reflux. — La masse est ensuite traitée par une grande quantité d'eau pour séparer l'éther.

L'éther formé sera :

1° *Insoluble ou presque insoluble dans l'eau.* — Sa séparation sera alors facilement effectuée par décantation.

2° *Soluble dans l'eau.*

3° *Il donne avec l'eau une émulsion persistante.*

Dans les deux derniers cas, on agite le mélange·

[1] Carbonate ou bicarbonate de soude en solution très diluée.

[2] Sur le chlorure de calcium non alcalin et fondu.

avec une quantité assez grande d'éther ordinaire qui s'empare du composé éthéré en solution ou en émulsion et peut l'abandonner par évaporation spontanée.

Cette méthode est très facilement applicable et d'une rigueur absolue avec les alcools monoatomiques. Mais quand l'alcool est polyatomique, quand sa constitution est complexe, la multiplicité des éthers possibles vient compliquer les constatations analytiques.

Cependant, en modifiant les conditions de l'opération, en faisant varier la quantité réciproque d'acide et d'alcool, on pourra arriver au résultat cherché.

Ce point établi, on le confirmera en déterminant le degré d'atomicité de l'alcool, puis sa constitution.

ATOMICITÉ DES ALCOOLS

Détermination qualitative d'un alcool polyatomique. — D'une façon générale, il est difficile de caractériser qualitativement la polyatomicité des alcools.

Ce n'est souvent que par l'étude approfondie des combinaisons de ces alcools que l'on peut arriver à caractériser leur polyatomicité.

On remarque cependant qu'un poids donné de l'alcool examiné se combine à des proportions variables d'un acide donné, tout en produisant des composés également neutres aux réactifs colorés. De plus, il y a variation dans les constantes physiques, ce qui permet ordinairement de différencier et de séparer. les corps qui existent dans le mélange, ces corps pouvant être : de l'alcool non modifié, l'éther résultant de remplacement d'une molécule d'eau par une molécule d'acide, l'éther résultant du remplacement de deux molécules d'eau par deux molécules d'acide, etc.

Le procédé suivant, dû à M. Lorin, permet de caractériser les alcools polyatomiques :

« Lorsqu'on a saturé un alcool polyatomique
« proprement dit, la glycérine par exemple, au
« moyen de l'acide oxalique ordinaire, si l'on
« chauffe la formine brute ainsi formée, vers 135°,
« on obtient un dégagement régulier et constant
« d'oxyde de carbone. »

Or les éthers formiques des alcools monoatoniques ne se décomposent pas en donnant par la chaleur seule de l'oxyde de carbone, et la décomposition des formines brutes devient ainsi une caractéristique nouvelle des éthers dérivés des alcools polyatomiques.

CONSTITUTION DES ALCOOLS

On établira la constitution des alcools en ayant recours aux procédés suivants :

I. Oxydation.
II. Méthode de V. Meyer.
III.   —   de Chancel.
IV.   —   de MM. Cahours et Demarçay.
V.   —   de Mentschutkine.
VI.   —   de C. Hell et Urech.
VII. Relation entre les vitesses d'éthérification des alcools et leur constitution.

Avant d'étudier ces différentes méthodes d'action, disons quelques mots de la constitution des alcools.

On détermine la constitution d'un alcool en appliquant le principe énoncé, il y a longtemps, par Dumas, c'est-à-dire en s'attachant spécialement à l'étude des réactions de formation des corps et de leurs produits de dédoublement. Ce principe, on le conçoit facilement, n'est point applicable aux alcools seulement. Il doit être présent à l'esprit de quiconque veut déterminer la constitution des composés organiques, en même temps que l'*étude thermique* des réactions de formation et de dédoublement; car ce nouveau mode d'investigation a donné récemment de beaux résultats et est appelé à résoudre beaucoup de problèmes délicats concernant la constitution des corps organiques. Enfin la détermination exacte des constantes physiques est de toute importance dans l'étude des isoméries et l'identification des espèces.

I

Oxydation

Dans un ballon ou une cornue tubulée on introduit un mélange de bichromate de potasse et d'acide sulfurique étendu ; ce mélange est porté à la température jugée convenable. On verse goutte à goutte l'alcool placé dans un entonnoir à robinet, et les produits volatils de l'oxydation sont condensés par un réfrigérant et recueillis.

On recueille les gaz s'il y a lieu.

Les produits obtenus sont étudiés en vue d'y rechercher les aldéhydes et les acétones, par les procédés indiqués au chapitre *Aldéhydes*, page 165. Il faut éviter la formation des acides.

On obtient :

1° *Un aldéhyde;*

2° *Un acétone;*

3° *Ni aldéhyde, ni acétone.*

1° *Un aldéhyde.* — L'alcool oxydé est un **alcool primaire**, son carbure est normal.

2° *Un acétone.* — L'alcool oxydé est un **alcool secondaire**. Il faut éviter que l'action des oxydants soit poussée trop loin, parce que l'acétone formé pourrait être dédoublé en deux acides correspondants aux radicaux et même en gaz carbonique et eau.

3° *Ni aldéhyde ni acétone.* — On a des acides dont la molécule contient moins de carbone que l'alcool oxydé. L'alcool oxydé est un **alcool tertiaire**. Généralement, on obtient dans l'oxydation des alcools tertiaires une petite quantité d'acide butyrique et de gaz carbonique.

Remarque. — M. Saytzeff a montré que les alcools des carbures incomplets ne se comportent pas ainsi à l'oxydation.

II

Méthode de V. Meyer

L'alcool est d'abord transformé en éther iodhydrique par les procédés ordinaires, puis on distille cet éther sur un excès 'e nitrite d'argent; mais il est plus avantageux de cohober l'éther sur le nitrite d'argent, au réfrigèrant ascendant, pendant une demi-heure et de distiller ensuite. Il est bon d'employer le nitrite d'argent mélangé intimement avec environ son poids de sable fin.

La partie distillée est mélangée avec une solution moyennement concentrée de soude caustique pure, on ajoute du nitrite de soude, puis de l'acide sulfurique étendu jusqu'à ce qu'il se dégage des vapeurs nitreuses. Si la liqueur n'est plus alcaline, on ajoute de la soude jusqu'à ce qu'elle le soit.

La solution est :

1° *Rouge ;*

2° *Bleue ;*

3° *Incolore.*

1° *Rouge.* — L'alcool essayé est un **alcool primaire**. Le composé rouge formé est un *acide nitrolique;* la formule générale de ces composés est :

$$(\text{at.}) \; R - C \Big\langle \begin{matrix} AzO^2 \\ Az.\ OH. \end{matrix}$$

Si l'on veut isoler l'acide nitrolique formé, on acidifie la solution rouge qui passe au jaune, on agite cette solution avec de l'éther. L'éther séparé, lavé, laisse par évaporation des cristaux d'acide nitrolique dont l'examen microscopique peut être utile. La coloration rouge des sels de l'acide nitrolique est rendue encore plus sensible si on dissout dans quelques gouttes d'eau les cristaux fournis par l'évaporation de l'éther et qu'on y ajoute une goutte de potasse.

2° *Bleue.* — L'alcool essayé est un **alcool secondaire**. Le produit bleu formé est un *nitrol*, composé isomère avec l'acide nitrolique correspondant et dont la formule de constitution est :

$$\begin{matrix} R \\ R \end{matrix} \Big\rangle C \Big\langle \begin{matrix} Az\,O^2 \\ Az\,O \end{matrix}$$

Les solutions acides ou alcalines de ces composés sont bleues ; elles abandonnent le nitrol à l'éther ou au chloroforme qui se colorent en bleu intense ; ces dissolvants par évaporation spontanée donnent des cristaux jaunes de nitrols ; fondus les nitrols paraissent bleus.

3° *Incolore*. — L'alcool essayé ne peut être qu'un alcool tertiaire, car le dérivé formé dans l'action du nitrite d'argent sur un iodure alcoolique tertiaire n'est pas transformé en produit coloré par le nitrite de soude.

Remarque. — Cette élégante réaction fournit de bons résultats pour la diagnose des alcools primaires jusqu'au terme en at. C^8, pour la diagnose des alcools secondaires jusqu'au terme en at. C^6.

Il est important, quand on le peut, d'isoler un peu de nitrol ou d'acide nitrolique et d'en examiner les caractères physiques.

III

Procédé de G. Chancel

Cette méthode ne peut servir qu'à la diagnose des alcools secondaires. Elle repose sur les faits suivants :

1° Les alcools primaires attaqués par l'acide nitrique donnent uniquement des produits d'oxydation n'offrant pas de caractères spéciaux ;

2° Les alcools secondaires produisent par l'action

de l'acide nitrique des composés désignés sous le nom d'acides alkylnitreux, donnant avec la potasse des sels cristallisés en prismes caractéristiques.

Mode opératoire. — M. Chancel indique le mode opératoire suivant pour effectuer cette réaction :

Il suffit d'attaquer 1ᶜᶜ environ de l'alcool considéré par l'acide nitrique dans un tube à essais, de verser de l'eau sur le produit, puis de l'éther et d'agiter; la couche éthérée est décantée et recueillie dans un verre de montre. Après l'évaporation de l'éther on dissout le résidu dans un peu d'alcool, on ajoute quelques gouttes de potasse alcoolique :

1° *Rien de particulier ne se produit :* ALCOOLS PRIMAIRES ;

2° *On voit bientôt apparaître des petits cristaux prismatiques jaunes (alkylnitrite de potasse)* : ALCOOLS SECONDAIRES.

Cette réaction s'applique à tous les alcools secondaires sauf à l'alcool isopropylique. — Ces alcools sont d'abord transformés en acétones par l'action de l'acide nitrique, puis en acide alkylnitreux.

IV

Procédé de MM. Cahours et Demarçay

Ces auteurs chauffent l'alcool bien privé d'eau avec un excès d'acide oxalique fondu ou sec. — On obtient le meilleur rendement en chauffant pendant quelques jours le mélange en tubes scellés de 50° à 60°.

On obtient, ou
1° *Un mélange d'éther formique et d'éther oxalique;* le second de ces éthers se forme en plus grande proportion : ALCOOLS PRIMAIRES ;
2° *Un mélange d'éther formique et d'éther oxalique,* mais la proportion d'éther oxalique est moindre : ALCOOLS SECONDAIR ES;
3° *Aucun éther* : On obtient le carbure générateur de l'alcool mis en expérience : ALCOOLS TERTIAIRES.

Supposons le cas de l'alcool ordinaire, le formiate d'éthyle sera formé par la décomposition de l'acide éthyloxalique.

$$\text{(éq.)} \quad C^4 H (C^4 H^5) O^8 = C^2 O^4 + C^2 H (C^4 H^5) O^4$$
$$\text{(at.)} \quad C^3 H (C^2 H^5) O^4 = C O^2 + C H (C^2 H^5) O^2$$

Cette réaction, comme on le voit, n'est caractéristique que pour les alcools tertiaires; il convient de différencier autrement les alcools primaires et secondaires.

V

Procédé Mentschutkine

Dans un tube à essais on traite un à deux centimètres cubes d'alcool par la baryte caustique :

On a
$$\begin{cases} 1° \textit{ Élévation de température}, \text{ formation d'un} \\ \quad \text{alcoolate : ALCOOLS PRIMAIRES ET SÉCONDAIRES.} \\ 2° \textit{ Pas d'action :} \text{ ALCOOLS TERTIAIRES.} \end{cases}$$

Cette réaction est donc propre à caractériser les alcools tertiaires seulement.

VI

Procédé de C. Hell et Urech

Le mélange de brome, de sulfure de carbone et d'un alcool primaire ou secondaire ne donne pas lieu à la formation d'acide sulfurique.

Ces alcools sont seulement transformés en aldéhyde ou acétone bromés, par élimination d'hydrogène sans que l'oxygène devienne libre, tandis que les alcools tertiaires mis en présence du brome et du sulfure de carbone agissent suivant l'équation ci-dessous.

(éq.) $C^6 H^{10} O^2 + Br^2 = C^6 H^9 Br + H Br + O^2$

(at.) $\begin{matrix} C H^3 \\ C H^3 \\ C H^3 \end{matrix}\Big\rangle C. OH + Br^2 = \begin{matrix} C H^3 \\ C H^3 \\ C H^3 \end{matrix}\Big\rangle C. Br + H Br + O$

Par l'oxygène mis en liberté le sulfure de carbone est oxydé et transformé partiellement en acide sulfurique.

Mode opératoire. — On mélange l'alcool exempt d'eau avec le sulfure de carbone et le brome bien exempts d'humidité, on abandonne ce mélange pendant quelques heures ; au bout de ce temps on l'additionne d'eau et on recherche l'acide sulfurique dans la couche aqueuse :

Couche aqueuse
- Il ne s'est pas formé d'acide sulfurique.
  - Il s'est formé un aldéhyde bromé : ALCOOL PRIMAIRE.
  - Il s'est formé un acétone bromé : ALCOOL SECONDAIRE.
- Il s'est formé de l'acide sulfurique : ALCOOL TERTIAIRE.

Cette réaction n'est aisément caractéristique que pour les alcools tertiaires. (*Deuts. chem. Gesell.*, juin 1882, p. 1240.)

VII

Relations entre les vitesses d'éthérification des alcools et leur constitution

M. Mentschutkine s'est proposé de déterminer les relations qui existent entre la constitution des alcools et leur façon de se comporter à l'éthérification.

Le mode opératoire employé est le même que celui indiqué en 1863 par MM. Berthelot et Pean de Saint-Gilles, pour la détermination des *limites d'éthérification*. Prenons, comme exemple, l'alcool éthylique et l'acide acétique. Dans de petits tubes scellés, on chauffe pendant 120 heures, à 150°, un mélange d'alcool et d'acide acétique en quantités proportionnelles à leurs poids moléculaires ; après refroidissement on ouvre les tubes et on dose l'acide acétique non combiné au moyen d'une solution de baryte titrée. Voici les résultats moyens fournis par les expériences de Mentschutkine.

		VITESSE INITIALE	LIMITE D'ÉTHÉRIFICATION
Alcools	Carbures saturés......	45	67
primaires	Carbures non saturés.	37	60
Alcools	Carbures saturés.....	16 à 26	50 à 60
secondaires	Carbures non saturés.	10 à 11	50 à 52
Alcools *tertiaires*	....	3 à 0,80	

Remarques. — 1° L'éthérification des alcools tertiaires est très faible, les limites sont à peine connues. Il se dégage à l'ouverture des tubes dans lesquels on a fait l'éthérification une grande quantité de gaz;

2° La vitesse initiale peut être influencée par des variations d'un autre ordre que celles indiquées ici. Voyez à ce sujet les travaux originaux[1];

3° On ne connaît pas d'éthers des alcools secondaires correspondant aux éthers proprement dits.

On peut résumer utilement l'ensemble des réactions des différents alcools. Un tableau de ces réactions a été dressé par M. le professeur Garcia de la Cruz. Nous le donnons ici tel qu'il a été publié dans le *Bulletin de la Société chimique.*

[1] Berthelot et Pean de Saint-Gilles : *Ann. de chim. et de physique* (3), t. LXV, 385; t. LXVI, 1; t. LXVIII, 225. — Mentschutkin : *Mém. de l'acad. impér. de Saint-Pétersbourg* (7ᵉ série), t. XXV, n° 5; — *Ber. der deut. chem. Gesell.*, t. X, 1728, 1808, 2210; t. XI, 670, 992, 1507, 2117, 2148; t. XII, 665, 2168; t. XIII, 162.

TABLEAU DES RÉACTIONS QUI SERVENT A DISTINGUER ENTRE EUX LES ALCOOLS PRIMAIRES, SECONDAIRES ET TERTIAIRES

dressé par le Dr **GARCIA DE LA CRUZ**, professeur de chimie organique à la Faculté des sciences de Barcelone.

(Publié dans la *Crónica scientifica*, n° 127 6e 7e p. 121.)

Les données pour la formation de ce tableau ont été extraites du supplément du *Dictionnaire de Chimie*, par Wurtz, du *Complemento e suplemento de la Enciclopedia di chimica diretta dal cav.* J. Selmi, etc.

RÉACTIONS DES ALCOOLS	RÉACTIONS FONDAMENTALES[1]	RÉACTIONS DE V. MEYER	RÉACTIONS de CAHOURS ET DEMARÇAY	RÉACTIONS de MENCHOUTKINE	RÉACTIONS de C. HELL et FR. URECH
		L'alcool est transformé en son éther iodhydrique; on distille celui-ci avec de l'azotite d'argent, le produit est traité par une solution d'azotite de potasse dans la potasse et l'on ajoute de l'acide sulfurique étendu[2].	On chauffe un excès d'alcool avec de l'acide oxalique.	Action de la baryte.	Action du brome en présence du sulfure de carbone sur les alcools anhydres[3].
PRIMAIRES	Une aldéhyde leur correspond; cette aldéhyde peut être transformée par oxydation en un acide.	Formation d'un dérivé nitreux-nitrique avec fonction acide et dont les sels alcalins sont ROUGES.	Production de beaucoup d'oxalate et peu de formiate.	Ils réagissent sur la baryte.	Pas de formation d'acide sulurique. L'alcool est transformé en aldéhyde bromée.
SECONDAIRES	Une acétone non susceptible d'acidification leur correspond.	Formation d'un dérivé nitreux-nitrique BLEU, s'il est fondu ou dissous et incolore, s'il est à l'état solide.	Moins d'oxalate formé que lorsqu'on emploie l'alcool primaire de même composition.	Ils réagissent aussi sur la baryte.	Pas de production d'acide sulfurique non plus. L'alcool est transformé en acétone bromée.
TERTIAIRES	Il résulte de ceux-ci par oxydation, des acides dont la molécule a moins d'atomes de carbone que celle de l'alcool primitif.	Il ne se produit pas de coloration. — Pas de dérivé nitreux-nitrique, car le dérivé nitrique qui se forme d'abord ne réagit pas sur l'acide azoteux (nitreux).	Il ne produit ni oxalate, ni formiate. Il en résulte un carbure (le générateur de l'alcool par hydratation) facile à condenser par le brome.	Ils n'exercent pas d'action sur la baryte.	Production abondante d'acide sulfurique. L'alcool est transformé en son éther bromhydrique.

[1] Ces réactions ne sont pas aisément applicables aux alcools dérivés des carbures non saturés (SAYTZEFF).
[2] Ces relations s'appliquent seulement aux alcools de la première série homologue contenant moins de carbone que l'alcool nonylique, si ce sont des alcools primaires, et moins de carbone que l'alcool hexylique, si ce sont des alcools secondaires (GUYRENCUT).
[3] Ces réactions permettent de caractériser les alcools tertiaires d'une façon positive. (V. *Deutsche chem. Gesells*, n° du 12 juin 1882, p. 1210.)

B

DÉRIVÉS DES CARBURES AROMATIQUES PAR SUBSTITUTION DE L'OXHYDRYLE A L'HYDROGÈNE

Les composés à fonction alcoolique dérivés des carbures de la série aromatique se divisent en deux classes, suivant que la substitution de l'oxhydrile à l'hydrogène est faite dans les chaînes latérales ou dans le noyau benzinique. On obtient :

1° Les alcools aromatiques ;

2° Les phénols.

Nous n'examinerons dans ce chapitre que les alcools aromatiques.

ALCOOLS AROMATIQUES

Les propriétés générales des alcools aromatiques sont les mêmes que celles des alcools primaires. On explique cette analogie complète, par le voisinage dans ces deux groupes d'alcools de (at.) O H avec deux atomes d'hydrogène.

Leur mode de synthèse est le même que celui des alcools primaires.

Ils dérivent du carbinol, à la façon des alcools primaires, par substitution de radicaux aromatiques monovalents à l'hydrogène du radical at. CH^3 du carbinol CH^3. O H.

Les alcools aromatiques traités par l'acide nitrique ne donnent pas de produits analogues à ceux fournis dans ces conditions par les alcools primaires, mais un produit nitré de substitution dans le noyau aromatique.

Les halogènes se substituent aussi à l'hydrogène de ce noyau, ou à l'oxhydryle de la chaîne latérale.

Oxydation des alcools aromatiques

Par oxydation, les alcools aromatiques donnent des acides. Ces acides sont en rapport, comme constitution et comme formules, avec le nombre de carbures combinés à la benzine, ou, ce qui revient au même, avec le nombre de radicaux de la série grasse substitué à H dans la benzine.

Par distillation avec la chaux, ces acides perdent du gaz carbonique; avec un excès de chaux, on obtient de la benzine, tout le carbone des chaînes latérales donnant, dans ce dernier cas, du carbonate de chaux.

CHAPITRE IV

PHÉNOLS

Généralités

Les phénols qui ont été confondus tantôt avec les acides, tantôt avec les alcools, ont été rangés dans une classe spéciale par M. Berthelot, en 1860.

« Ils doivent être considérés comme des alcools particuliers, dérivés des carbures polyacétyléniques, et spécialement des carbures benzéniques. Ces carbures, en effet, donnent naissance à deux groupes bien distincts de dérivés, doués du caractère alcoolique. Lorsque la fonction alcoolique dérive du générateur benzinique, on a des phénols; tandis qu'il se produit des alcools véritables, lorsque la fonction alcoolique dérive d'un générateur forménique associé à la benzine (MM. Berthelot et Jungfleisch). »

On peut aussi définir les phénols comme il suit : Les phénols sont des produits de substitution de l'oxhydryle à l'hydrogène d'un carbure aromatique, cette substitution ayant lieu dans le noyau benzinique.

Ce qui vient d'être dit implique nécessairement des points de contact entre les alcools et les phénols, mais fait prévoir aussi des différences notables. Examinons donc brièvement les relations qui existent entre les phénols et les alcools.

Relations entre les phénols et les alcools

Les phénols ne se conduisent point comme les alcools dans l'ensemble de leurs réactions. Comparons un phénol quelconque à un alcool. Supposons pour plus de simplicité les deux corps monoatomiques, et écrivons en formules atomiques.

$$C H^3$$

Méthylphénol
ou Toluol $= C^7 H^8 O$.

$$C H^3$$
$$C H^2 O H$$

Méthylcarbinol
ou Alcool Éthylique.

Quand on admet ces formules comme expression de la constitution intime de ces composés, on suppose que l'oxhydryle dans les phénols est en rapport direct avec un atome de carbone; dans les alcools il est lié à deux atomes d'hydrogène; O H introduit dans des molécules organiques d'une façon aussi différente ne doit évidemment point leur communiquer les mêmes propriétés.

La différence est encore plus sensible, si nous prenons comme termes de comparaison les deux isomères auquels on attribue les formules graphiques suivantes :

Toluol.

Alcool benzylique.

Ces formules sont du reste confirmées par les conditions de formation de chacun de ces deux composés et ajoutons que les constantes physiques sont absolument différentes.

Pour se faire une idée de la différence qui existe entre la constitution des alcools et celle des phénols, il suffit du reste (en dehors de toute considération théorique) de comparer l'action des réactifs sur ces deux classes de composés. — Soit, par exemple, l'action de l'oxygène.

Un alcool (primaire monoatomique) s'oxyde facilement et donne comme terme ultime un acide, corps dans lequel H^2 de l'alcool, est remplacé par l'oxygène dans le groupe voisin de l'oxhydryle.

(at). $CH^3 CH^2 OH$ donne ainsi $CH^3 CO OH$

Les formules de constitution attribuées aux

alcools conduisent à considérer la présence d'un groupe contenant deux atomes d'hydrogène, ce groupe étant voisin de l'oxhydryle, comme indispensable à la formation rationnelle d'un acide; or dans les phénols cette condition n'est point réalisée.

On n'obtient pratiquement par l'oxydation des phénols aucun acide, mais des phénols d'atomicité supérieure à celle du phénol oxydé.

Remarque. — L'oxhydryle dans les phénols conserve cependant certaines propriétés qu'il présente partout, et surtout dans les alcools. C'est ainsi que H de l'oxhydryle phénolique est remplaçable par des métaux, par des radicaux acides, par des radicaux alcooliques.

Pratiquement ces substitutions se font plus difficilement que dans les alcools.

CARACTÈRES DES PHÉNOLS

Les hydracides réagissent difficilement sur les phénols, ou ne réagissent pas.

L'oxydation ne donne ni aldéhyde, ni produit aldéhydique avec les phénols monovalents; avec les autres on a des quinons.

Les phénols se combinent facilement avec les

alcalis anhydres ou hydratés. Cette combinaison est plus facile qu'avec les alcools.

De plus les phénols donnent la série complète des phénates métalliques ; dans la formation de ces combinaisons le dégagement de chaleur est notablement supérieur à celui observé dans le cas des alcoolates de la série grasse.

Les alcalis et les phénols donnent :

1° Des phénates proprement dits. Le métal remplace H du phénol ;

2° Des combinaisons résultant de la juxtaposition des phénols et de l'alcali sans élimination d'hydrogène ou d'eau. Ces dernières combinaisons sont peu stables ; par la distillation elles abandonnent la presque totalité du phénol.

RÉACTIONS APPLICABLES A L'ÉTUDE DES PHÉNOLS

Un corps présentant certaines propriétés qui permettent de le considérer comme un phénol, on lui fait subir l'ensemble des réactions suivantes :

1. Action des oxydants ;
2. — de l'acide azotique ;
3. — des hydrogénants ;
4. — du chlorure de benzényle ;
5. — des aldéhydes ;
6. — de différents réactifs.

Les réactions qu'on a indiquées s'appliquent aux

phénols monovalents ou aux phénols polyvalents.

    I. *Phénols monovalents.*

    II.   —   *polyvalents,* p. 162.

On doit étudier de plus :

    A. *Isomérie dans les dérivés phénoliques,* p. 163.

    B. *Produits de condensation interne des phénols.*

I. — PHÉNOLS MONOVALENTS

1. ACTION DES OXYDANTS

L'acide azotique ne peut être employé comme oxydant, il donne les produits indiqués à 2.

Comme réactifs oxydants on peut employer les réactifs ordinaires et les alcalis en fusion.

L'oxydation permet de distinguer nettement les alcools des phénols. Ils ne donnent à l'oxydation ni acétones ni aldéhydes proprement dits, mais des phénols d'atomicité supérieure et des oxyphénols.

Si le phénol possède des chaînes latérales, elles sont d'abord oxydées et transformées en groupe (at.) COOH; on obtient donc comme produit d'oxydation un acide phénol.

Les phénols polyatomiques sont oxydés d'autant plus facilement que leur atomicité est plus élevée; il se forme des produits souvent très difficiles à définir.

2. ACTION DE L'ACIDE NITRIQUE

Les phénols sont attaqués facilement à froid ou par simple ébullition par l'acide nitrique, il résulte de cette réaction des produits nitrés de substitution : il faut agir avec prudence vu la violence possible de la réaction.

Par substitution de Az O⁴, ou en at. $Az O^2$, à H la molécule phénolique prend un caractère acide. — Les acides qui résultent de cette action sont jaunes, bien cristallisés, assez difficiles à distinguer entre eux, si l'on ne fait pas l'analyse élémentaire. On peut utilement avoir recours au point de fusion.

3. ACTION DES HYDROGÉNANTS

Les phénols résistent assez bien à l'action des réactifs hydrogénants. Quand on fait agir sur eux les réactifs hydrogénants, on constate que :

1° Les hydrogénants ordinaires ne transforment point les phénols en carbures ;

2° L'acide iodhydrique, les transforme à 280° en leurs carbures générateurs, puis en carbures saturés.

4. ACTION DU TRICHLORURE DE BENZYLE OU CHLORURE DE BENZÉNYLE.

Ce chlorure, éq. $C^{12}H^5.C\,Cl^3$, at. $C^6H^5\,C\,Cl^3$, donne avec les phénols une série de belles matières colorantes.

Ce caractère appartient aussi aux amines tertiaires.

Ces matières colorantes dérivent du triphénylméthane.

Elles se décolorent par les réducteurs.

5. ACTION DES ALDÉHYDES. — RÉACTION DE REIMER

Les phénols traités par les aldéhydes donnent des combinaisons assez mal définies, incristallisables, qui paraissent être des produits de condensation.

L'aldéhyde formique fournit de tous les aldéhydes les réactions les plus nettes.

Cette réaction a été appliquée par Reimer ; elle consiste à traiter les phénols par le chloroforme en présence des alcalis. Ainsi le phénol et le chloroforme donnent de l'aldéhyde salicylique.

6. ACTION DE DIFFÉRENTS RÉACTIFS.

Les *oxacides hydratés* et les *hydracides* ne réagissent que très difficilement ou pas du tout sur les phénols. L'acide chlorhydrique par exemple ne donne pas avec le phénol ordinaire de chlorure de phényle.

On obtient les éthers composés par action du chlorure acide sur le phénol.

Le chlorure d'acétyle et le phénol donnent ainsi

de l'acétate de phényle $C^4 H^3 (C^{12} H^5) O^4$, en atomes $C^6 H^5 (C^2 H^3 O. O)$.

Le perchlorure de phosphore donnerait de même un phosphate de phényle, en atomes $P h O^4 (C^6 H^5)^3$ qu'on écrit aussi $P h O (C^6 H^5 O)^3$.

Le phénol potassé donne avec un *iodure alcoolique* un véritable *éther mixte*.

(éq.) $C^{12} H^5 K O^2 + R I = K I + C^{12} H^5 R O^2$
(at.) $C^4 H^5 O K + R I = K I + C^6 H^5 R O$ ou $C^6 H^5 \atop R \Big\rangle O$

Avec *l'acide sulfurique*, il y a formation d'*acides sulfoniques*. Il se forme ordinairement 2 ou 3 acides sulfoconjugués isomériques.

II. — PHÉNOLS POLYVALENTS

Les phénols polyvalents présentent les mêmes réactions que les monophénols. On doit remarquer qu'*ils s'oxydent beaucoup plus facilement que les monophénols*. Les produits de cette oxydation sont d'autant plus difficiles à définir, que le phénol est d'une atomicité plus élevée.

En présence des alcalis, ils sont oxydés rapidement par l'oxygène de l'air; le produit d'oxydation est coloré.

Quelques alcaloïdes par leur propriété de se dissoudre dans les alcalis, de s'oxyder ensuite en présence de l'air en se colorant, se rapprochent des polyphénols.

A. — ISOMÉRIE DANS LES PHÉNOLS ET LEURS DÉRIVÉS

La détermination des constantes physiques des phénols sera utile pour déterminer la place des groupements latéraux [1].

Par ordre croissant de fusibilité, on range ainsi les dérivés : ortho, méta, para, les ortho étant les plus fusibles.

Les moins volatils sont les dérivés ortho ; il n'existe pas de différence générale entre les points d'ébullition des para et des métadérivés.

On profite des différences de solubilité des sels ou des phénols dans différents dissolvants, des différences de fusibilité, de volatilité pour séparer les dérivés para, méta, ortho qui se trouvent souvent mélangés dans le produit d'une réaction.

B. — PRODUITS DE CONDENSATION INTERNE RÉSULTANT DE L'ACTION DES ANHYDRIDES SUR LES PHÉNOLS

Les anhydrides chauffés avec les phénols pendant un temps variable, en présence d'agents déshydratants, donnent des composés doués de belles colorations.

M. Baeyer, qui a étudié cette nouvelle série de

[1] Voy. : Encyclo. Chim. *Essai sur l'isomérie de position ;* par M. Colson.

corps, explique leur formation régulière, par élimination d'eau des molécules mises en présence, et combinaison des restes avec *condensation interne.*

D'après M. Baeyer, seuls les dérivés de l'orthosérie seraient capables de former ce genre de composés. Tous les anhydrides sont susceptibles de fournir ces dérivés, on connaît les *carbonéines*, les *oxaléines*, les *succinéines*, les *phtaléines.*

Bien d'autres composés que les phénols donnent cette réaction.

Condition de formation. — On mélange le phénol avec l'anhydride que l'on veut faire entrer en combinaison, on ajoute un peu d'acide sulfurique.

On chauffe pendant peu de temps à une température qui doit être obtenue en prenant la moyenne du point de fusion de l'anhydride et du phénol.

L'addition d'une trop grande quantité d'acide sulfurique transforme le *composé de condensation* formé en produits hydroxylés, quinons, oxyquinons.

CHAPITRE V

ALDÉHYDES

Généralités

Les aldéhydes résultent de la déshydrogénation des alcools. L'aldéhyde ordinaire, alcool éthylique déshydrogéné, fut obtenu par oxydation ménagée de l'alcool éthylique. Mais le mot aldéhyde doit être entendu dans un sens beaucoup plus large. Il doit être appliqué à des corps jouissant des propriétés fondamentales des aldéhydes, et assez différents cependant les uns des autres.

Ces corps réunis par la propriété commune de se conduire comme des réducteurs constituent les différentes variétés d'aldéhydes.

Les différents aldéhydes se forment dans les conditions suivantes :

I. Par oxydation incomplète d'un alcool primaire,
on aura.......................... *un aldéhyde primaire,*
aldéhyde proprement dit, monoatomique.

Par oxydation d'un alcool diatomique,
on aura............... *un aldéhyde diatomique.*
Théoriquement, on peut avoir un corps une fois
acide et une fois aldéhyde, ou deux fois aldéhyde.

II. Par oxydation d'un alcool secondaire,
on aura................... *un aldéhyde secondaire*
acétone ou kétone.

III. Par fixation d'oxygène sur un carbure incomplet,
on aura......................... *un carbonyle.*

Exemple :

$$(éq.)\ C^{30}\ H^{16} + O^{2} = C^{20}\ H^{16}\ O^{2}$$
Camphre.

$$(at.)\ C^{10}\ H^{16} + O = C^{10}\ H^{16}\ O$$

Ces corps sont doublement incomplets.

IV. Par oxydation d'un phénol polyatomique,
on aura......................... *un quinon.*

Exemple :

$$(éq.)\ C^{12}\ H^{6}\ O^{4} + O^{2} = C^{12}\ H^{4}\ O^{4} + H^{2}\ O^{2}$$
Hydroquinon.   Quinon.

$$(at.)\ C^{6}\ H^{6}\ O^{2} + O = C^{6}\ H^{4}\ O^{2} + H^{2}\ O$$

V. A ces corps, on peut ajouter les corps à fonctions complexes ayant au moins une fonction aldéhydique.

I

ALDÉHYDES

Les aldéhydes de la série grasse et les aldéhydes de la série aromatique possèdent des propriétés communes. Cependant, les aldéhydes aromatiques possèdent quelques propriétés spéciales ; on divisera donc les aldéhydes proprement dits en :

Aldéhydes de la série grasse. . . . . A
—   de la série aromatique. . . . B

A

ALDÉHYDES PROPREMENT DITS

DE LA SÉRIE GRASSE

Généralités

Les aldéhydes sont les premiers termes de l'oxydation des alcools primaires.

Si l'on examine l'action de l'oxygène sur les alcools on voit que la transformation des alcools en composés plus oxygénés peut s'effectuer en deux phases : enlèvement d'hydrogène, puis fixation d'oxygène.

$$C^4 H^6 O^2 + O^2 = C^4 H^4 O^2 + H^2 O^2$$
$$C^4 H^4 O^2 + O^2 = C^4 H^4 O^4$$

En théorie atomique, on explique les faits comme il suit :

1° L'oxygène ne fait qu'enlever deux atomes d'hydrogène au groupe (at.) $CH^2 OH$ des alcools primaires ; on obtient un aldéhyde, corps évidemment incomplet, comme l'exprime la formule hypothétique suivante :

$$R - \overset{|}{\underset{|}{C}} - OH$$

2° L'oxygène ayant enlevé deux atomes d'hydrogène du groupe $CH^2 OH$ des alcools primaires, un atome d'oxygène se substitue aux deux atomes d'hydrogène et donne des acides.

Un aldéhyde se formera donc par l'oxydation modérée d'un alcool primaire.

CARACTÈRES DES ALDÉHYDES

Les principaux caractères des aldéhydes sont la conséquence du caractère incomplet de ces composés. Ils agissent comme des réducteurs.

Leur action sur les sels de cuivre en solution alcaline peut être utilisée, en dehors des autres réactions, comme caractère différentiel des aldéhydes de la série grasse et des aldéhydes aromatiques.

$$\text{La solution}\begin{cases}\text{est réduite}\dots\dots\quad\textbf{ALDÉHYDE DE LA}\\\qquad\qquad\qquad\qquad\textbf{SÉRIE GRASSE}\\\\\text{n'est pas réduite.}\quad\textbf{ALDÉHYDE}\\\qquad\qquad\qquad\qquad\textbf{AROMATIQUE}\\\qquad\qquad\qquad\qquad\text{(M. Tollens.)}\end{cases}$$

Des caractères aldéhydiques étant reconnus, on doit tenter de faire agir les agents d'oxydation, les agents d'hydrogénation et les bisulfites alcalins, voir :

1º Agents d'oxydation, p. 169;
2º — d'hydrogénation, p. 170;
3º Bisulfites alcalins, p. 170.

I. ACTION DES AGENTS D'OXYDATION

Les oxydants transforment les aldéhydes en acides (ou parfois en produits plus complexes de condensation).

La potasse dont l'action sur les aldéhydes peut être rapprochée de celle des oxydants proprement dits, transforme en solution aqueuse à l'ébullition les aldéhydes en substances résinoïdes ayant les caractères des résines naturelles.

2. ACTION DES AGENTS D'HYDROGÉNATION

Parmi les agents d'hydrogénation on doit considérer

spécialement.
$\begin{cases} \alpha. \text{ L'eau acidulée agissant sur l'a-} \\ \quad \text{malgame de sodium.} \\ \beta. \text{ L'acide iodhydrique à } 280°. \end{cases}$

α. Quand on met un aldéhyde en contact avec
l'eau acidulée et l'amalgame de sodium, cet
aldéhyde régénère l'alcool duquel il dérive.

Exemple :

$$\text{(éq.) } C^4 H^4 O^2 + H^2 = C^4 H^3 O^2$$
$$\text{(at.) } C^2 H^4 O + H^2 = C^2 H^6 O$$

β. L'acide iodhydrique à 280° détermine une
hydrogénation complète et régénère le carbure
générateur.

Exemple :

$$\text{(éq.) } C^{14} H^6 O^2 + 2 H^2 = C^{14} H^8 + H^2 O^2$$
$$\text{(at.) } C^7 H^6 O + 2 H^2 = C^7 H^8 + H^2 O$$

3. ACTION DES BISULFITES ALCALINS

Les aldéhydes forment avec les bisulfites alcalins
des combinaisons cristallisées, solubles dans l'eau,
peu solubles dans les solutions concentrées des
bisulfites.

Cette propriété caractéristique pour les composés à fonction aldéhydique existe encore dans leurs dérivés halogéniques.

Les combinaisons des aldéhydes avec les bisulfites sont décomposées par les alcalis et les acides; les acides mettent les aldéhydes en liberté, on peut alors facilement les isoler.

Tous les bisulfites alcalins peuvent se combiner aux aldéhydes, il en est de même des bisulfites des amines.

Quant à la constitution de ces combinaisons, elle a été envisagée de deux façons par les chimistes. Pour les uns, ces combinaisons seraient des dérivés d'un glycol éthylidénique correspondant à l'aldéhyde; pour d'autres, ces combinaisons seraient les sels d'un acide sulfoné dont la constitution serait comparable à celle des lactates.

$$\left.\begin{array}{c} CH^3 \\ SO^3Na \end{array}\right\rangle CH.OH \qquad\qquad \left.\begin{array}{c} CH^3 \\ CO^3Na \end{array}\right\rangle CH.OH$$

Aldéhyde sulfite.   Lactate de soude.

Mode opératoire. — On emploie pour isoler les aldéhydes de préférence le bisulfite de sodium concentré, que l'on prépare en faisant arriver jusqu'à refus de l'acide sulfureux sur des cristaux de carbonate de soude. On agite le bisulfite avec le liquide dans lequel on recherche les composés aldéhydiques, on laisse déposer pendant une douzaine d'heures dans un endroit frais, on recueille les cristaux sur un filtre, et on les lave avec le bisulfite de soude. on peut quelquefois ajouter de l'alcool pour favoriser la formation du précipité.

Pour extraire l'aldéhyde de sa combinaison avec le bisulfite, on porte la combinaison à l'ébullition avec de l'eau additionnée d'une petite proportion d'acide chlorhydrique.

On effectue la séparation par décantation ou on agite la solution avec l'éther qui s'empare du composé aldéhydique.

Après action des agents d'oxydation et d'hydrogénation, dont l'étude est toujours importante quel que soit le corps à étudier, après action des bisulfites, si la substance paraît être un aldéhyde, on applique une ou plusieurs des méthodes analytiques indiquées ci-dessous :

a. Action sur le nitrate d'argent ;
b. — la solution alcool. de fuchsine. (Réac. de Meyer.)
c. — l'acide diazobenzolsulfonique.
d. — la phénylhydrazine.
e. — l'hydroxylamine.

A. — ACTION SUR LA NITRATE D'ARGENT

Les aldéhydes portés à l'ébullition avec du nitrate d'argent en solution alcaline le réduisent, l'argent se dépose sur le tube d'essais sous forme d'un enduit brillant.

La réaction ainsi appliquée n'est point caractéristique.

Suivant M. Tollens (*Deut. Chem. Gesell.*, XV, p. 1625), il est bon d'opérer de la façon suivante : On commence par préparer une liqueur argentique alcaline de 3 gr. de nitrate d'argent, dans 30 gr. d'ammoniaque ($D = 0,928$), on ajoute après dissolution 3 gr. de soude pure.

Ce réactif doit être conservé dans des flacons jaunes. Pour l'employer on en verse quelques gouttes dans la liqueur devant contenir l'aldéhyde, on laisse en contact, *dans l'obscurité*, pendant vingt-quatre heures. La réduction est opérée au bout de ce temps si la liqueur contient un composé aldéhydique.

Cette réaction est très sensible, elle est caractéristique pour les aldéhydes à condition d'opérer à froid et dans l'obscurité.

Ce réactif est réduit par le sucre de lait, mais non réduit par l'acide formique et le sucre de canne.

M. E. Salkowski (*Deut. Chem. Gesell.*, tome XV, p. 1768) a montré que le réactif de M. Tollens est réduit à chaud par le sucre de canne.

Beaucoup d'autres composés sont doués de cette propriété; l'auteur pense qu'il se forme des aldé-

hydes dans ces actions, particulièrement de l'aldéhyde formique.

Remarque. — Il est prudent de ne pas conserver
de grandes quantités de réactif de Tollens, car il
peut parfois détoner spontanément.

B. — ACTION SUR LA SOLUTION ALCOOLIQUE DE FUCHSINE

RÉACTIF DE MEYER

On prépare le réactif de Meyer en faisant passer
un courant d'acide sulfureux dans une solution
alcoolique de fuchsine jusqu'à décoloration complète.

Ce réactif, agité à froid avec les aldéhydes, se
colore en rouge violacé au bout d'un temps variable.

Cette réaction n'est pas générale, car elle ne
réussit pas avec les glucoses, cependant elle peut
être quelquefois très utile.

Les seuls corps non doués de fonction aldéhydique qui aient donné une réaction colorée avec
le réactif de M. Meyer sont d'après M. Schiff : les
alcools méthylique, éthylique, isopropylique.
(Schiff. *Deutsche Chem. Gesell.*, t. XIV, p. 1848.) Il
en est de même de l'acétone. Mais l'acétone ordinaire, le méthyléthylacétone donnent une coloration rouge sans passer ensuite au violet. Schiff n'a

pas obtenu de coloration avec l'hydrate de chloral, le méthylbenzoïle, la benzophénone, l'acide formique, les sucres divers, le pinacone, etc...

C. — ACTION SUR L'ACIDE DIAZOBENZOLSULFONIQUE

MM. Penzold et Fischer ont montré que le dérivé sulfoné du diazobenzol en présence des aldéhydes donne d'abord une coloration rouge qui au bout de quelque temps vire au violet. Voici comment il est bon d'opérer :

Dans environ 60^{cc} d'eau on dissout 1^{gr} d'acide diazobenzolsulfonique, on ajoute un peu de solution de soude caustique puis l'aldéhyde et une très petite quantité d'amalgame de sodium; on abandonne le tout pendant vingt-quatre heures. Au bout de ce temps, la solution prend une coloration rouge fuchsine si le liquide contient un corps à fonction aldéhydique.

L'addition d'amalgame de sodium n'est pas nécessaire, mais elle influe sur la sensibilité du réactif.

Pour réussir cette réaction avec les aldéhydes aromatiques, il faut nécessairement l'intervention de l'amalgame de sodium.

L'acétone, l'acide acétique, donnent une coloration rouge, mais sans le passage au violet. (Penzold et Fischer. *Deutsche Chem. Gesell.*, t. IV, p. 733.)

D. — ACTION DE LA PHÉNYLHYDRAZINE

La phénylhydrazine se combine à tous les composés doués d'une fonction aldéhydique soit primaire, soit secondaire.

Cette réaction se produit facilement en solution acétique. (E. Fischer. *Berich. der Deuts. Chem. Gesell.*, XVII, 572 et 579.)

Préparation du réactif. — Il faut commencer par obtenir du chlorhydrate de phénylhydrazine parfaitement pur.

On dissout donc le chlorhydrate de phénylhydrazine, obtenu par les procédés ordinaires, dans une quantité d'eau suffisante. On met la base en liberté par addition d'ammoniaque, on la lave, et on la dissout dans 10 p. 100 d'alcool. On sature cette solution par l'acide chlorhydrique concentré et on lave les cristaux formés, rapidement à la trompe, avec l'alcool puis avec l'éther. Enfin on les sèche.

Le chlorhydrate ainsi purifié est dissous avec 1 fois et demie son poids d'acétate de soude dans 10 fois son poids d'eau : il constitue le réactif indiqué par Fischer pour la recherche des composés doués d'une fonction aldéhydique.

On ajoute ce réactif dans la solution aqueuse du produit aldéhydique, très légèrement acétique ; au bout d'un temps variable, il se dépose soit une huile, soit des cristaux.

L'emploi d'une douce chaleur facilite la séparation du produit formé.

Il est utile d'en examiner le point de fusion et les autres propriétés.

L'emploi de la phénylhydrazine, dans les conditions déterminées par Fischer, peut servir à caractériser la fonction aldéhydique ou acétonique dans les corps à fonction simple ou à fonction complexe.

E. — ACTION SUR L'HYDROXYLAMINE

Cette réaction est commune aux aldéhydes et aux acétones.

Pour faire agir l'hydroxylamine sur les aldéhydes et les acétones on peut opérer des deux façons suivantes :

1° A une solution de chlorhydrate d'hydroxylamine on ajoute de la potasse caustique, puis le composé à fonction aldéhydique. On refroidit assez énergiquement, il se forme une combinaison bien définie que l'on extrait par agitation avec l'éther ou qui se dépose de la solution.

2° Une solution alcoolique du composé aldéhydique est additionnée de chlorhydrate d'hydroxylamine, puis de soude; le tout est abandonné à la température ordinaire pendant huit jours, on chasse l'excès d'alcool par évaporation, on épuise le résidu par l'éther qui, évaporé, abandonne le dérivé du corps aldéhydique.

Les aldéhydes fournissent ainsi les ALDOXIMES,

$$\text{(at.) R.} - C \quad Az - O\,H$$
$$\mid$$
$$H$$

Les acétones fournissent les ACÉTOXIMES,

$$\text{(at.) R}^2 = C = Az - O\,H$$

Le groupe lié aux radicaux alcooliques est $C\!\!\begin{smallmatrix} H \\ Az \end{smallmatrix}\,O$ groupement bivalent, d'après Meyer, Janny, Petraczek. Ces composés dont l'histoire est encore incomplète donnent une vive réaction avec les alcalis caustiques en solution et avec le chlorure d'acétyle.

Cette réaction se fait facilement avec les aldéhydes et acétones de la série grasse, difficilement avec ceux de la série aromatique.

ISOMÈRES DES ALDÉHYDES

Il existe des méta et des paraldéhydes, qu'il faut différencier des aldéhydes. Après avoir constaté la fonction aldéhydique d'un produit par les méthodes précédentes, on peut, de l'examen des propriétés réductrices, tirer quelque renseignement. En effet, on sera en présence de :

1° Composés doués de propriétés réductrices énergiques.   . ' . . .   ALDÉHYDES

2° Composés doués de propriétés réductrices peu marquées . . .   PARALDÉHYDES

3° Composés dépourvus de propriétés réductrices . . . . .   MÉTALDÉHYDES.

B.

ALDÉHYDES AROMATIQUES

Généralités

Lorsque les alcools de la série aromatique sont soumis à l'oxydation, il se produit sur la chaîne alcoolique latérale la même réaction que si ce ce groupement était isolé.

La nouvelle chaîne formée reste soudée au noyau benzénique après la réaction et communique à toute la molécule sa fonction aldéhydique.

$$(\text{éq.}) \quad C^{12} H^5 [(C^{2n} H^{2n} H^2 O^2)] + O^2 = H^2 O^2 +$$
$$C^{12} H^5 [(C^{2n} H^{2n} O^2)]$$
$$(\text{at.}) \quad C^6 H^5 R . C H^2 O H + O = H^2 O + C^6 H^5 R . C O H$$

Caractères.

Les aldéhydes aromatiques possèdent toutes les propriétés des aldéhydes de la série grasse; *ils s'en distinguent par l'action de la potasse, de l'ammoniaque et de la solution cupropotassique.*

a. Action de la potasse.

b. Action de l'ammoniaque.

c. Action de la solution cupropotassique : cette action a été indiquée p. 68.

a. **Action de la potasse.** — La potasse alcoolique ne résinifie pas les aldéhydes aromatiques, mais produit la réaction suivante :

$$\text{(éq.)} \quad 2\,C^{14}H^6O^2 + KOHO = C^{14}H^8O^2 + C^{14}H^5KO^4$$

$$\text{(at.)} \quad 2(C^6H^5COH) + KOH = C^6H^5CH^2OH + C^6H^5COOK$$

Il se produit une molécule de l'alcool et une molécule de l'acide correspondant à l'aldéhyde mis en expérience.

b. **Action de l'ammoniaque.** — Les aldéhydes aromatiques ne forment pas d'aldéhydates; il y a déshydratation et formation d'un hydramide.

$$\text{(éq.)} \quad 2\,Az\,H^3 + 3\,C^{14}H^6O^2 = \left.\begin{matrix} C^{14}H^6 \\ C^{14}H^6 \\ C^{14}H^6 \end{matrix}\right\} Az^2 + 3\,H^2O^2$$

Aldéhyde benzoïque.   Benzhydramide.

$$\text{(at.)} \quad \left(Az{<}^{H}_{H}^{H}\right)^2 + 3\,(C^6H^5COH) = \left.\begin{matrix} C^6H^5CH \\ C^6H^5CH \\ C^6H^5CH \end{matrix}\right\} Az^2 + 3\,H^2O$$

Les aldéhydes aromatiques ne réduisent pas les sels de cuivre en solution alcaline.

A ces caractères, il convient d'ajouter qu'avec les aldéhydes aromatiques on obtient facilement des phénomènes de substitution.

II

ALDÉHYDES SECONDAIRES, ACÉTONES ou KÉTONES

Généralités

Les acétones résultent de l'oxydation des alcools secondaires. Par oxydation, ils donnent deux acides, ce qui s'explique facilement.

Considérons en particulier l'acétone ordinaire $C^6H^6O^2$, et comparons-le à l'aldéhyde. En effet, on a :

Aldéhyde ordinaire, ou Aldéhyde primaire. $\{ (C^4 H^4 O^2 —)$

Donnant par hydrogénation, Alcool primaire. $\{ C^4 H^4 O^2 (H^2)$
ou $C^4 H^4 H^2 (O^2)$

Aldéhyde secondaire, ou Acétone $C^4 H^2 (C^2 H^4) O^2 (—)$

Donnant par hydrogénation, Alcool secondaire. $\{ C^4 H^2 (C^2 H^4) O^2 (H^2)$
ou $C^4 H^2 (C^2 H^4) H^2 O^2$

La formule de constitution atomique serait :

$$\begin{array}{c} R \\ | \\ C = O \\ | \\ R \end{array}$$

les deux radicaux pouvant être identiques ou différents. Les atomistes admettent ce groupement, car d'après les diverses réactions et transformations des acétones, il paraît indiqué, que l'oxygène ne rattache pas les deux radicaux, mais qu'il n'est en relation qu'avec le carbone.

CARACTÈRES DES ACÉTONES

Comme les aldéhydes, les acétones sont caractérisés par leurs propriétés réductrices, mais ces propriétés pour les acétones sont moins énergiques que dans le cas des aldéhydes ; car les aldéhydes doivent leurs propriétés réductrices, au

groupe (at.) $\overset{|}{\underset{|}{C}}\text{-O H}$ qui tend à se transformer en

groupe CO OH, pour donner un acide.

Oxydation.

Les acétones se distinguent des aldéhydes par l'oxydation. Ils donnent deux acides gras correspondants aux deux radicaux ; exemple :

(aq.) $C^4 H^2 (C^2 H^4) O^2 + 3 O^2 = C^2 H^2 O^4 + C^4 H^4 O^4.$

(ét.) $\underset{\underset{C\,H^3}{|}}{\overset{\overset{CH^3}{|}}{C}} O + O^3 = H.COOH + C H^3 COOH$

Remarques. — Lorsqu'on oxyde un aldéhyde secondaire dont les deux radicaux sont différents, le groupe CO reste toujours fixé sur le groupe dont le poids moléculaire est le moins élevé. — Si l'un des radicaux est secondaire, il fixe CO en suivant la loi précédente; puis, l'action oxydante se continue sur le nouvel acétone formé, comme sur les acétones à radicaux normaux.

Il est facile de prévoir ce qui se passe quand les deux radicaux sont secondaires.

Lorsqu'un acétone contient un radical aromatique, le groupe CO reste toujours fixé sur lui; le groupement gras est oxydé pour son propre compte.

Quel que soit l'agent oxydant employé, ces lois posées par Popoff se vérifient toujours pour les acétones des alcools normaux.

Il est à remarquer cependant que l'oxydation ne se borne pas à la formation de deux acides gras, mais qu'elle va toujours au delà en se portant sur les premiers termes de l'oxydation même quand l'acétone n'est pas encore totalement oxydé. Il se produit toujours un peu d'acide carbonique et d'acides gras inférieurs (en particulier un peu d'acide butyrique).

Voyez pour plus de détails : Popoff. *Deutsche Chem. Gesell.*, t. IV, p. 120 ; t. V, p. 38 ; t. VI, p. 560, 1255.

Action sur les bisulfites alcalins.

Les acétones contenant le groupe (éq.) C^2H^3, (at.) CH^3 se combinent facilement au bisulfite de soude ; les autres ne s'y combinent que difficilement.

Polymérisation des acétones.

Sous l'influence des agents de polymérisation, les acétones se comportent comme les aldéhydes ; mais la polymérisation est accompagnée d'élimination d'eau. On croit, du reste, que ces produits de condensation sont formés de plusieurs groupes acétoniques soudés entre eux par l'oxygène.

Action de l'hydroxylamine. (Voy. p. 177.)
  —   **de la phénylhydrazine.** (Voy. p. 173.)

ACÉTONES AROMATIQUES

Les acétones aromatiques ont les mêmes réactions que ceux de la série grasse.

Dans l'oxydation d'un acétone aromatique, le groupe CO reste fixé sur le noyau benzinique. L'autre radical est oxydé pour son propre compte.

ACIDES ACÉTONIQUES

Les acides acétoniques se combinent facilement à froid à la phénylhydrazine pour former des produits peu solubles dans l'eau.

Cette réaction a été utilisée avec avantage pour la séparation des acides glyoxylique, mésoxalique, pyruvique, phénylglyoxylique, etc.

(Voy. E. Fischer. *Berich. der Deuts. Chem. Gesell.*, 1884; n° 17, p. 572.)

III

CARBONYLES

La classe des carbonyles, instituée par M. Berthelot, comprend les aldéhydes des alcools incomplets.

Les carbonyles sont donc des composés doublement incomplets : 1° par le groupement aldéhydique fonctionnel ; 2° par le groupement carboné fondamental.

Les carbonyles fixent de l'hydrogène et se transforment en alcools incomplets.

IV

QUINONS

M. Græbe, en 1818, généralisa le mot quinon appliqué tout d'abord par Woskresensky à un corps coloré isolé par lui des produits de distillation de l'acide quinique ; M. Græbe montra que les quinons sont des produits de l'oxydation des carbures à noyau aromatique, par substitution du groupe diatomique (O-O)" à H^2. Ces dérivés peuvent se diviser en deux groupes :

QUINONS PROPREMENT DITS. — Les deux groupes CO du noyau benzinique sont considérés comme occupant les positions 1 et 4.

ACÉTONES DOUBLES. — Les deux groupes C O sont voisins et relient deux restes de noyaux aromatiques.

$$C^6\ H^4 \left\langle \begin{matrix}CO\\CO\end{matrix}\right\rangle C^6\ H^4$$

Anthraquinon.

En résumé les quinons sont des dérivés aldéhydiques des polyphénols.

Les quinons forment des produits d'addition avec les bisulfites alcalins.

Ils se transforment en hydroquinons lorsque l'hydrogénation est complète par l'hydrogène naissant. Enfin, le zinc les transforme par distillation en leurs carbures générateurs.

APPENDICE AUX ALDÉHYDES (SUCRES)

Parmi les matières sucrées, il existe des composés doués de fonction aldéhydique.

Nous ne ferons point l'étude des sucres ; nous présenterons cependant ici quelques remarques à propos de l'action de la phénylhydrazine sur certains sucres.

La phénylhydrazine se combine avec toutes les matières sucrées réduisant la liqueur cupropotassique; les combinaisons qui se forment sont très peu solubles dans l'eau et se produisent dans les conditions suivantes :

On mélange la solution de matière sucrée examinée avec la solution de chlorhydrate de phénylhydrazine dans l'acétate de soude étendu, on chauffe quelque temps à 100°; il se produit des cristaux brillants, extrêmement peu solubles dans l'eau et dont il ne faut pas négliger l'examen microscopique.

Pour opérer ces réactions, on prend 1 partie de la matière sucrée, que l'on chauffe une heure à une heure et demie au bain-marie avec 2 parties de chlorhydrate de phénylhydrazine, 3 parties d'acétate de sodium, 2 parties d'eau; finalement on recueille les cristaux qui se séparent.

Citons les réactions spéciales propres à certains sucres :

GLUCOSE. — Aiguilles fines, jaunes, peu solubles dans l'eau, solubles dans alcool bouillant, fusibles à 204-205 en un liquide rouge foncé. Les acides chlorhydrique et sulfurique concentrés donnent en dissolvant ces aiguilles une coloration rouge.

Cette réaction est encore sensible dans l'eau contenant 1 p. 100 de matière sucrée.

Lévulose. — Même produit, mais dont la formation est plus rapide.

Galactose. — Produit cristallisé ; fondant à 182°.

Sorbine. — Huile orangée, qui prend en cristaux par refroidissement. Si après l'avoir dissoute dans l'alcool on ajoute de l'eau, il précipite des aiguilles jaunes fusibles à 161°.

Sucre de canne. — Le produit cristallisé met assez longtemps à se former.

Inosite. — Rien — (sucre non réducteur, non fermentescible).

Lactose. — Donne de fines aiguilles jaunes, un peu solubles dans l'eau bouillante, fusibles à 200°.

Maltose. — Donne un produit comme celui fourni par le lactose, et fondant à 190-191°.

Tréhalose. — Rien.

Nous renvoyons, pour plus de détails, à la notice publiée par M. J. Brévans, dans l'*Agenda du Chimiste de l'année* 1886.

CHAPITRE VI

ÉTHERS

Généralités

L'indication des conditions de formation des éthers précise suffisamment leur constitution. Il suffira donc de remarquer que les éthers se forment :

1° Par combinaison d'un alcool et d'un acide avec élimination d'eau.

$$\text{Alcool} + \text{Acide} - H^2O = \text{Ether.}$$

a. L'acide est un acide minéral, acide énergique.

b. L'acide est un acide organique.

2° Par combinaison d'un alcool et d'un alcool, avec élimination d'eau.

$$\text{Alcool} + \text{Alcool} - H^2O = \text{Ether.}$$

Les alcools peuvent être identiques ou différents.

$$A + A - H^2O = \text{Ether.}$$
$$A + A' - H^2O = \text{Ether.}$$

L'éther répondant à A + A' — H^2 O, il y a condensation.

3° Par combinaison d'un alcool et d'un aldéhyde avec élimination d'une molécule d'eau.

4° Par combinaison d'un alcool et d'ammoniaque avec séparation de l'eau.

$$\text{Alcool} + \text{Az } H^3 — H^2 O = \text{Éther}$$

Il est préférable d'étudier ces corps, nommés ammines, avec les composés organiques azotés.

5° Par combinaison d'un alcool et d'un carbure avec élimination d'eau on obtient encore un éther.

Cet éther est un carbure mixte.

Soit :

$$C^n H^{2n} + {}^2O + C^m H^{2m} — H {}^2O = C^n H^{2n} (C^m H^{3m})$$

CARACTÉRISTIQUE DES ÉTHERS

Les éthers par hydratation régénèrent un alcool et un acide ou deux alcools, ou un alcool et un aldéhyde, ou un alcool et un carbure.

Pour voir si un composé est un éther on doit donc appliquer les réactions qui régénèrent les composés constituants des éthers. De plus on peut appliquer certaines réactions spéciales.

On arrivera à ce résultat en utilisant les méthodes de réactions suivantes :

I. Action de l'eau.

II. — des alcalis hydratés.

III. — — anhydres.

IV. — — caustiques au-dessus de
250°.

V. — de l'ammoniaque.

VI. — des acides.

VII. — de l'hydrogène.

VIII. — de l'oxygène.

I. — Action de l'eau.

Par action d'une grande quantité d'eau, si le composé neutre examiné donne à froid un alcool et un acide... on a un éther.

Exemple : Éthers borique et silicique.

Si l'eau froide est sans action, on fait agir l'eau chaude ou l'eau bouillante. Il peut se former de même un alcool et un acide.

Exemple : Éther oxalique.

Si l'on n'a pas d'action appréciable dans ces conditions, on fait agir l'eau en tubes scellés à 200°-250°. L'alcool et l'acide se régénèrent.

L'eau à froid décompose les éthers à la longue, et en quantité d'autant plus grande qu'il y a plus d'eau et que le contact est plus prolongé.

II. — Action des alcalis hydratés.

Les alcalis, potasse ou soude, en solution dans
l'eau, décomposent les éthers surtout à chaud.
Il se forme un alcool et un sel alcalin.

III. — Action des alcalis anhydres.

Avec l'éther éthylacétique et la baryte, M. Berthelot a obtenu un acétate et un alcoolate.

$$(\text{éq.})\ C^4 H^5 (C^4 H^4 O^5) + 2\,Ba\,O = C^5 H^5\,Ba\,O^2 + C^4 H^3\,Ba\,O^4$$
$$(\text{at.})\ 2\,CH^3.\,COO.\,C^2 H^5 + 2\,Ba\,O = (C^2 H^5\,O)^2 Ba + (C^2 H^3\,CO^3)^2 Ba.$$

IV. — Alcalis caustiques au-dessus de 250°.

Ils agissent comme oxydants.
Exemple :

$$(\text{éq.})\ C^4 H^4 (C^{14} H^6 O^5) + KHO^2 = C^{14} H^3 KO^5 + C^4 H^3 KO^5 + 2\,H^2.$$
$$(\text{at.})\ C^8 H^5.\,CO.\,O.\,C^2 H^5 + 2\,KOH = C^6 H^5.\,CO.\,OK + CH^3.\,CO.OK + 2\,H^2$$

V. — Action de l'ammoniaque.

Comme les autres alcalis, l'ammoniaque agit sur
les éthers. L'acide de l'éther étant un acide dit
énergique, HCl, HI, acide azotique etc., on a
adjonction de l'ammoniaque à l'éther.

$$R\,I + Az\,H^3 = R\,Az\,H^2\,H\,I$$

Il y a donc formation d'un *sel d'amine*.

L'acide de l'éther étant un acide organique, la réaction est différente ; on a l'alcool de l'éther et un amide.

Telle est l'action de l'ammoniaque sur l'éther éthyloxalique ; il se forme de l'alcool et de l'oxamide.

VI. — Action des acides.

Ils peuvent déplacer l'acide de l'éther et donner un nouvel éther : soit un acide minéral énergique, on aurait :

$$\text{(éq.) } C^4 H^5 (C^5 H^4 O^5, + H Cl = C^5 H^5 H Cl + C^5 H^5 O^5$$

$$\text{(at.) } CH^3.CO.OC^2 H^5 + H Cl = C^2 H^5 Cl + CH^3.CO.OH$$

Ils peuvent déterminer un partage de l'alcool entre les deux acides. Telle est l'action de l'acide benzoïque sur l'éther acétique ou de l'acide acéti·que sur l'éther benzoïque.

VII. — Action de l'hydrogène.

L'acide étant organique, on a par III à 280° les carbures générateurs saturés de l'acide et de l'alcool.

VIII. — Action de l'oxygène.

L'oxygène agit sur les éthers comme sur les alcools, mais l'acide peut aussi parfois s'oxyder.

Remarque. — L'ensemble des réactions ayant démontré que le corps étudié est un éther, c'est par l'étude de l'acide et de l'alcool, ou par l'étude des alcools régénérés, ou pour être plus général par l'étude des termes résultant de la saponification complète d'un éther qu'on arrivera à assigner à cet éther la place qu'il occupe dans la classification des éthers. Ceci s'applique aussi bien aux éthers dérivés de corps à fonction simple, qu'aux éthers dérivés de corps à fonction complexe. Il suffit d'attirer l'attention sur ce point; on pourra, du reste, se reporter aux chapitres *Alcools* et *Acides*. (Voyez *Encycl. Chim.* CHIMIE ORGANIQUE, t. VII, Éthers.)

APPENDICE AUX ÉTHERS

Glucosides, etc. — Aux éthers se rattachent les glucosides et certains sucres.

Ces éthers se dédoublent sous l'influence de ferments solubles, ou sous l'influence des acides étendus et chauds. Le dédoublement est parfois difficile à produire; il faut alors avoir recours à une longue ébullition (quelquefois même opérer sous faible pression), mais d'une façon générale, la réaction est facile à effectuer.

Le corps examiné est primitivement sans action sur la liqueur cupo-potassique ; mais après hydratation et régénération du glucose, il précipite de l'oxydule de cuivre et manifeste un ensemble de propriétés réductrices.

CHAPITRE VII

ACIDES

Généralités

Les acides organiques sont des composés dans lesquels on peut remplacer un ou plusieurs équivalents ou atomes d'hydrogène par le même nombre d'équivalents ou d'atomes monovalents d'un métal, ou encore d'un radical jouant le rôle de métal pour former un *sel*. Le remplacement de l'hydrogène par le métal est direct et pour ainsi dire instantané : ce caractère différencie l'acide d'autres composés organiques à hydrogène substituable.

Les aldéhydes étant le premier terme de l'oxydation des alcools, les acides représentent le second terme.

Étant donné un alcool, soit l'alcool éthylique, on aura donc :

$$(\text{éq.})\ C^4\ H^4\ H^2\ O^2 + O^2 = H^2\ O^2 + C^4\ H^4\ O^2$$
$$C^4\ H^4\ O^2 + O^2 = C^4\ H^4\ O^4$$

Acide acétique.

Si l'alcool est polyalcoolique, cette même réaction pourra être reproduite autant de fois que l'alcool est polyatomique. D'où existence d'acides alcools, d'acides aldéhydes, d'acides bi ou polybasiques.

La fonction acide en théorie atomique s'explique par les considérations suivantes exposés, il y a longtemps déjà, par Wurtz[1] :

Si l'on considère les acides gras en particulier, et spécialement les acides monoatomiques et par conséquent monobasiques, on peut les supposer tous formés par la substitution d'un radical de la forme $C^n H^{2n+1}$ à un atome d'hydrogène de l'acide formique; cette idée, universellement adoptée par les atomistes, s'explique et s'étend lorsqu'on examine l'oxydation des alcools.

Qu'on prenne un alcool normal dont la formule atomique de constitution est :

$$R - C H^2 - O H$$

L'oxydation ménagée enlève deux atomes d'hydrogène pour former un aldéhyde.

$$R - \overset{|}{\underset{|}{C}} - O H$$

Si l'oxydation est poussée plus loin ou qu'elle soit énergique dès le début, les deux atomes d'hydro-

____
[1] Wurtz. *Ann. chim. et phys.* (3), t. LI., p. 358.

gène enlevés seront remplacés par un atome d'oxygène. On est conduit dès lors à attribuer à l'acide obtenu la formule suivante :

$$R. CO. O H \text{ ou } R. CO^2 H$$

L'électrolyse des acides gras (Kolbe), a confirmé cette prévision spéculative, que les acides organiques contiennent un ou plusieurs groupes CO, liés à un radical hydrocarboné. De plus, l'action de l'eau sur les chlorures acides a fait admettre que chaque groupe CO est lié à un oxhydryle OH. La caractéristique des acides organiques paraît donc être la présence du groupe :

$$- CO. O H$$

La basicité d'un acide est déterminée par le nombre de ces groupes (*Carboxyles*) qu'il renferme.

Il ne faudrait cependant pas croire que la notation précédemment exposée implique que l'oxygène de OH soit plutôt en rapport direct avec l'oxygène du groupe CO qu'avec le carbone de ce groupe, elle ne fait que rappeler la substitution de O'' (diatomique) à H^2 du groupe fonctionnel d'un alcool et la substitution possible de Cl, Br, I, Cy à OH du carboxyle.

On considère que les acides dérivés des alcools ont même constitution que ces alcools, et que dans ces composés le caractère acide réside dans le groupe CO. OH.

Mais la présence du groupe carboxyle fait quelquefois défaut dans des composés possédant des propriés acides bien marquées (ainsi dans les dérivés nitrés des phénols).

On a admis que les propriétés acides pouvaient être attribuées dans ces cas à la présence dans la molécule de ces corps, d'un ou de plusieurs groupements très électronégatifs, liés au carbone et à l'hydrogène auquel ils communiqueraient la propriété d'être substituable ; c'est le cas le plus général.

L'hydrogène rendu substituable peut ne pas être en relation directe avec le groupement électronégatif, n'en être que le voisin, plus ou moins éloigné ; dans ce cas, l'acide examiné n'est pas susceptible de former d'éthers, d'anhydrides, d'amides.

De cet ensemble d'idées il se dégage la loi suivante :

L'acidité d'une substance organique résulte de l'accumulation d'une grande proportion d'oxygène dans sa molécule.

Etablissement de la formule d'un acide.

On a reconnu qu'un corps est un acide. Pour en établir la formule, on doit :

1° Faire l'analyse élémentaire de l'acide ;

2º Préparer les sels de plomb, de baryte et d'argent.

Il faut se mettre dans la condition qui empêchera la formation de sous-sel, ce qui est surtout à craindre avec les sels de plomb;

3º Analyser l'un des sels précédents.

Il est bon de préparer et analyser s'il est possible le sel de potasse. Pour dégager tout le carbone à l'état d'acide carbonique, on ajoutera de l'oxyde d'antimoine, du phosphate de cuivre ou de préférence on brûlera le sel avec du chromate de plomb additionné de un dixième de bichromate de potasse;

4º Déterminer le poids de base laissé par le sel;

5º Prendre la densité de vapeur si l'acide est volatil sans décomposition.

CARACTÈRES DES ACIDES

Quand on cherche à établir la formule d'un acide, on considère forcément sa basicité ; or, l'analyse d'un ou de plusieurs sels conduit à considérer l'acide comme mono, bi, tri ou polybasique. C'est là un premier renseignement qui, en règle générale, sera confirmé par l'action des réactifs; mais on ne saurait s'en contenter, et il convient d'examiner les propriétés spéciales qui différencient entre eux non seulement les acides de basicités différentes, mais encore les acides de même basicité. Nous ne devons examiner ici que les propriétés générales des acides à fonction simple ; nous dirons cependant quelques mots des acides biatomiques monobasiques, car dans ce cas particulier la question comporte encore facilement l'exposé d'idées générales. On trouvera dans les traités de chimie organique, la classification générale des acides.

I. — Acides monobasiques.

Action des oxydants. — Les agents oxydants transforment ces acides en d'autres acides moins riches en carbone.

Par oxydation d'un acide monobasique de la série grasse, d'après M. Berthelot, il se forme :

D'abord un acide bibasique, contenant même nombre d'atomes de carbone, ainsi :

$$\text{(éq.)}\quad C^{2n}H^{2n}O^4 + 3O^2 = H^2O^3 + C^{2n}H^{2n-2}O^8$$
$$\text{(at.)}\quad C^nH^{2n}O^2 + 3O = H^2O + C^nH^{2n-2}O^4$$

puis

$$\text{(éq.)}\quad C^{2n}H^{2n-2}O^8 = C^2O^4 + C^{2n-2}H^{2n-2}O^4$$
$$\text{(at.)}\quad C^nH^{2n-2}O^4 = CO^2 + C^{n-1}H^{2n-2}O^3$$

cet acide s'oxydant à son tour donnera un acide bibasique.

$$\text{(at.)}\quad C^{n-1}H^{2n-4}O^4$$

qui donnerait

$$\text{(at). } CO^3 \text{ et } C^{n-2} H^{2n-1} O^2$$

L'oxydation continuerait jusqu'à transformation totale en CO^2 et acide formique

$$\text{(at). } C^{n-(n-1)} H^{2n-(2n-2)} O^2 \text{ ou } CH^2O^2$$

en équivalent, on exprimerait ainsi la réaction :

$$C^{2n-(2n-2)} H^{2n-(2n-2)} O^4 \text{ ou } C^2 H^2 O^4$$

Si l'on ne veut point admettre cette manière de voir, qui repose cependant sur certains faits, on peut simplement se contenter d'admettre qu'il y a élimination successive du carbone à l'état de gaz carbonique.

Action des oxydes métalliques. — Les acides réagissent *immédiatement* et par double décomposition sur les oxydes métalliques. Avec les alcools ils donnent des éthers dont on connaît les conditions de formation.

Action du perchlorure de phosphore. — Sous l'influence du perchlorure de phosphore, les acides donnent des chlorures acides.

$$\text{(éq.) } C^{2n} H^{2n} O^4 + PCl^5 = C^{2n} H^{2n-1} Cl O^2 + HCl + PO^2 Cl^3$$

$$\text{(at.) } C^n H^{2n} O^2 + PCl^5 = C^n H^{2n-1} O Cl + HCl + PO Cl^3$$

Cl remplace $O^2 H$, ou en at. OH l'oxhydryle.

Ces chlorures acides au contact de l'eau régénèrent l'acide dont ils dérivent :

(éq.) $C^{2n} H^{2n} - {}^1 Cl O^3 + H^2 O^2 = C^{2n} H^2_n O^4 + H Cl$

(at.) $C^n H^{2n-1} O Cl + H^2 O = C^n H^{2n} O^3 + H Cl$

Les acides monobasiques présentent les réactions suivantes :

1° Chauffés avec un excès de base, ils donnent un carbure saturé[1].

$$(éq) \; C^{2n} H^{2n} O^4 = C^2 O^4 + C^{2n-2} H^{2n}$$

$$(at.) \; C_n H^{2n} O^4 = CO^2 + C^{n-1} H^{2n}$$

$$ou \; C_n H^{2n} + {}^2$$

2° Chauffés avec du formiate de chaux ils donnent un aldéhyde.

$$(éq.) \; (C^{2n} H^{2n-1} Ca O^4) + C^2 H Ca O^4 = 2 (Ca O . CO^2)$$
$$+ \; C^{2n} H^{2n} O^2$$

(at.) $\begin{array}{l} C^{n-1} H^{2n-1} \; CO \; O \\ C^{n-1} H^{2n-1} \; CO \; O \end{array} \Big\langle Ca + \begin{array}{l} H \; CO' \; O \\ H CO \; O \end{array} \Big\rangle Ca = 2 \; CO^3 Ca$
$$+ 2 \; C^{n-1} H^{2n-1} \; CO \; H$$

3° Le sel de chaux de l'acide chauffé seul donne du carbonate de chaux et un acétone.

4° **Chauffés avec un alcool, ils l'éthérifient.** — La réaction est facilitée par addition d'un autre acide, acide minéral.

Anhydrides des acides monobasiques. — Voyez *Action du perchlorure de phosphore.*

[1] Cette réaction n'est rigoureusement vraie que pour l'acide acétique.

Le chlorure acide, chauffé avec le sel alcalin du même acide donne l'anhydride.

L'anhydride formé donnera avec le gaz ammoniac un sel ammoniacal et un amide.

Division des acides monobasiques. — Le corps examiné paraît être un acide monobasique.

L'analyse indique comme formule probable :

$$\text{(éq.) } C^{2n} H^{2n} O^4 \quad \text{(at.) } C^n H^{2n} O^2$$
$$\text{(éq.) } C^{2n} H^{2n-2} O^4 \quad \text{(at.) } C^n H^{2n-2} O^2$$
$$\text{(éq.) } C^{2n} H^{2n-4} O^4 \quad \text{(at.) } C^n H^{2n-4} O^2 \text{ etc.}$$

On traite par l'amalgame de sodium.

- Il n'y a pas fixation d'hydrogène. Le brome ne donne point de produit d'addition. } Acide { éq. $C^{2n} H^{2n} O^4$; at. $C^n H^{2n} O^2$

- Il y a fixation d'hydrogène. Le brome donne des produits d'addition. } Acide { éq. $C^{2n} H^{2n} - {}^2 O^4$; » $C^{2n} H^{2n} - {}^4 O^4$; at. $C^n H^{2n} - {}^2 O^2$; » $C^n H^{2n} - {}^4 C^2$; etc.

On peut fixer directement : { Br^2, on a $C^n H^{2n-2} O^2$. (at.) ; $Br,^4$ on a $C^n H^{24-n} O^2$. »

Cette question est susceptible de plus amples développements.

II. — Acides diatomiques

{ *A.* ACIDES MONOBASIQUES ; *B.* ACIDES BIBASIQUES

A. — ACIDES MONOBASIQUES

L'analyse donne 6 équivalents ou 3 atomes d'oxygène.

Un métal remplace facilement 1 seul H.

Les oxydants agissent sur la seconde fonction, comme ils le feraient sur un corps de même fonction simple.

Dans le cas d'un acide alcool primaire, on aurait par oxydation un acide bibasique; un acide alcool secondaire donnerait un acide acétone, puis plusieurs acides.

B. — ACIDES BIBASIQUES.

On établit la formule d'après les règles ordinaires. L'acide renferme 8 équivalents d'oxygène. 2 H sont facilement remplaçables par M^2

Ces acides sont saturés α, ou non saturés β.

α. — ACIDES SATURÉS. — 1° Par la chaleur ils fournissent des anhydrides en perdant une molécule d'eau sans éprouver de condensation.

2° En présence d'eau, le brome agit à chaud sur ces acides en donnant de l'acide bromhydrique et un acide bromé.

Ex. : Acide succinique.

(éq.) $C^8 H^6 O^8 + 2 Br^2 = C^8 H^5 Br^2 O^3 + 2 H Br.$

(at.) $C^4 H^6 O^4 + 2 Br^2 = C^4 H^5 Br^2 O^4 + 2 H Br.$

$$\text{Ou} \begin{cases} COOH \\ | \\ C H^2 \\ | \\ C H^2 \\ | \\ COOH \end{cases} + 2 Br^2 = \begin{cases} COOH \\ | \\ C H Br \\ | \\ C H Br \\ | \\ COOH \end{cases} + 2 H Br$$

13

Cette dernière formule rend évident que ce mode d'action ne peut être utilisé que lorsque la formule de constitution permet de supposer des atomes d'hydrogène attachés au carbone.

Ces dérivés bromés, dérivés mono ou bibromés, s'obtiennent par action directe du brome en opérant en tubes scellés.

Par action de l'oxyde d'argent, sur l'acide bromé ainsi obtenu, on peut remplacer chaque Br par un oxhydryle OH.

β. — Acides non saturés. — 1° Ils fixent facilement H^2, car ils dérivent des précédents par perte de H^2.

2° Ils fixent facilement Br^2 et donnent les dérivés bibromés des acides saturés qui diffèrent par H^3.

Il y a production possible d'isomères.

3° Il s'unissent à H Br en donnant le dérivé monobromé de l'acide saturé, soit de l'acide qui diffère par H^2.

Nous ne nous arrêterons point à considérer les isomères : il suffit d'avoir indiqué les réactions fondamentales.

Nous laissons de même de côté les acides condensés.

III. — Acides polybasiques et polyatomiques.

On ne dira rien des acides polybasiques et polyatomiques. La théorie générale des acides, telle qu'elle est présentée, soit par M. Berthelot, soit par les atomistes, sera consultée dans les traités de chimie organique et permettra de se diriger au cours de recherches pratiques.

Mais il convient d'avouer que plus la complexité de la molécule croit, plus l'atomicité et la basicité s'élèvent, plus il est difficile de poser des règles.

Il est donc préférable de ne point le faire, cette question entraînant théoriquement dans des développements qui ne sont point en rapport avec les notions élémentaires qui sont ici exposées.

Propriétés physiques. — La considération attentive des propriétés physiques des acides peut être utile, spécialement dans le cas des acides polybasiques. On considérera, dans l'acide soumis à l'examen, les propriétés suivantes : *État ordinaire, point de fusion, point d'ébullition, densité, solubilité.*

On trouvera les tableaux de ces différentes valeurs et l'indication des constantes physiques dans les Traités de chimie. (Voyez spécialement Schützenberger, t. III, p. 222, etc.)

Remarquons simplement ici, que :

1° Plus la molécule se complique, plus la densité augmente et plus la solubilité dans l'eau diminue ;

2° Moins les réactions acides sont prononcées ;

3° Pour les acides normaux, la différence entre deux termes voisins varie entre 19° et 22°; mais elle est le plus souvent égale à 21°;

4° Les acides bibasiques sont généralement cristallisables, fusibles et peu volatils.

ACIDES AMIDÉS

Ces composés ne doivent point être examinés ici, puisqu'ils contiennent de l'azote. Logiquement, leur étude trouverait place à côté de l'étude des autres corps azotés ; mais leur complexité possible nous écarterait trop des limites élémentaires dans lesquelles nous tenons à rester.

ACIDES DE LA SÉRIE AROMATIQUE

Il existe entre les carbures de la série aromatique et les acides de cette série, les mêmes relations qu'entre les carbures de la série grasse et les acides qui en dérivent par oxydation des alcools. On pourra donc se reporter à ce qui a été dit à propos de l'oxydation régulière des carbures, chap. ii, p. 126.

On aura, dans la série aromatique, des acides mono, bi et polyatomiques.

ACIDES MONOATOMIQUES

1° On pourra obtenir des aldéhydes par la méthode de Piria;

2° Distillés avec un excès de base, ils donnent l'hydrocarbure inférieur à celui dont ils dérivent;

3° Une oxydation ménagée pourra être sans action, ou donner un acide bibasique si l'acide primitif contient une chaîne latérale hydrocarbonée.

$$\text{Ex. (at.)} \quad C^6 H^4 \Big\langle {}^{COOH}_{C^3 H^5} \quad \text{donnera}$$

$$C^6 H^4 \Big\langle {}^{COOH}_{COOH}$$

ACIDES DIATOMIQUES

Ils sont, ou

diat. et dibasiques — (at.)

$$C^6 H^4 \Big\langle {}^{COOH}_{COOH}$$

diat. et monobas. Ex.

Ac. alcool (at.)
$$C^6 H^4 \Big\langle {}^{COOH}_{CH^2OH}$$

Ac. phénol (at.)
$$C^6 H^4 \Big\langle {}^{COOH}_{OH}$$

Il faut étudier ces acides surtout au point de vue de l'oxydation et de la formation des sels avant et après l'oxydation.

ACIDES TRIATOMIQUES, etc. — Nous n'en parlerons point.

CHAPITRE VIII

COMPOSÉS AZOTÉS

L'existence de l'azote dans une molécule entraîne toujours des caractères spéciaux qui différencient nettement les composés azotés des composés simplement hydrocarbonés ou oxyhydrocarbonés.

Il sera toujours facile de constater la présence de l'azote dans une molécule organique; on opèrera comme il a été dit page 15.

Les corps azotés trouvés primitivement dans le règne végétal ou dans le règne animal peuvent, sinon tous, du moins un certain nombre, être reproduits synthétiquement. Leur formation n'est donc plus le fait exclusif des actions vitales.

Depuis la mémorable synthèse de l'urée, faite par Wœhler en 1828, les efforts des chimistes n'ont point été inutiles; s'ils n'obtinrent pas toujours les composés azotés dont ils voulaient faire la synthèse, ils produisirent assez couramment des substances analogues par leurs propriétés physiques, chimiques et physiologiques.

La multiplicité des corps azotés obtenus peut s'expliquer par la variabilité de l'atomicité de l'azote.

Cette variabilité entraîne forcément une grande complexité dans la constitution des corps azotés.

Quoi qu'il en soit du nombre indéfini de ces composés, on peut les ranger assez simplement en groupes et établir ainsi une classification analytique, imparfaite il est vrai, mais suffisante dans une certaine mesure.

Des corps azotés, théoriquement, on peut rapprocher les phosphines, les arsines, les stibines et leurs dérivés. Ces produits, tout en ayant plusieurs points de rapprochement avec les amines, s'en éloignent cependant déjà beaucoup. Il est certain qu'entre les amines et les phosphines, les liens sont multiples ; mais les arsines se séparent déjà nettement des amines et les stibines s'en éloignent bien davantage.

Il ne sera rien dit de ces corps, car la présence du phosphore, de l'arsenic, de l'antimoine, permettra toujours de classer les dérivés organiques qui renferment ces éléments à la place qui leur convient rationnellement.

On ne fera donc point un chapitre spécial pour les radicaux organo-métalliques, puisqu'on sait toujours, avec la plus grande facilité, si un composé carboné contient ou non un métal ou un métalloïde.

On cherchera à constater la présence de l'azote par un ou plusieurs des procédés indiqués page 15. Cet examen fait, on aura recours aux réactions indiquées ci-dessous.

Les composés azotés ne se classent point dans une fonction unique, et nous réunissons cependant en un même chapitre tous les composés azotés ; mais on remarquera que les subdivisions séparent nettement les corps qui jouissent de fonctions différentes comme les amines, les amides, etc...

EXAMEN DES COMPOSÉS AZOTÉS

Dans les essais préliminaires auxquels on soumet un corps on a remarqué que :

Le corps examiné
- n'est pas azoté.
  - Il rentre dans l'une des fonctions étudiées précédemment.
- est azoté.
  - 1° Il présente les propriétés des éthers nitriques ou nitreux. Voyez chapitre *Ethers*.
  - 2° Ce n'est point un éther nitrique ou nitreux. On examine d'abord le corps comme il est dit en A, puis comme il est dit en B.

A

Le corps examiné. { Ne contient pas d'oxygène............ *a*

{ Contient de l'oxygène............... *b*

a. Ne contient pas d'oxygène.

On le soumet à l'action des réactifs hydratants d'après le tableau B. } NITRILE[1]. CARBYLAMINE.

S'il neutralise les acides et donne des sels analogues aux sels ammoniacaux. } AMINE. HYDRAZINE. PYRIDINE. QUINOLÉINE.

b. Contient de l'oxygène.

Le corps présente en général des tendances à l'acidité, il est plus rarement neutre, jamais doué de basicité marquée. Quand il est acide, il donne des sels bien définis et souvent jaunes ou orangés. } DÉRIVÉ NITRÉ. — NITROSÉ. — NITROSONITRÉ. — AZO ET DIAZOÏQUE. — DIAMOAZOÏQUE. — DIAZOAMIDÉ.

[1] Il existe aussi des nitriles oxygénés. Grimaux, *Bull. Soc. Chim.*, t. XIII, 27.

b. (suite.) Contient de l'oxygène.

Neutralise les acides et donne des sels analogues aux sels ammoniacaux. Les sels des hydracides sont exempts d'oxygène. Ces corps ne se combinent point aux iodures alcooliques. } HYDRATE D'UN AMINE QUATERNAIRE.

Neutralise les acides et donne avec les hydracides des sels oxygénés. } AMINE OXYGÉNÉE (dérivée d'un alcool polyat.). BASE OXYQUINOLÉÏQUE.

Neutre, alcalin ou acide. Par fixation d'eau sous l'influence des acides ou des alcalis, on régénère un acide et de l'ammoniaque ou une amine. } .... AMIDE. ALCALAMIDE.

Ces premières vérifications sont souvent insuffisantes; il importe donc de préciser davantage la nature du composé azoté. Avant de procéder à cet examen plus complet, on peut utilement se rappeler que les composés azotés organiques doivent

théoriquement rentrer dans l'une des deux divisions suivantes :

I. Composés azotés, formés par substitution d'un
résidu azoté oxygéné, à l'hydrogène d'un composé
organique.

II. Composés azotés, formés par substitution
d'un résidu azoté hydrogéné, soit par exemple un
résidu de l'ammoniaque, à l'hydrogène d'un corps
organique.

On examinera le corps azoté comme il est dit
en B, p. 216.

B.

On chauffe le composé examiné en tube scellé avec un réactif hydratant ; on a :

Pas d'action sensible, ou transformation difficile.

Composés azotés formés par substitution d'un ou de plusieurs radicaux azotés oxygénés à l'hydrogène des substances organiques.

— composés nitrés. Voy. p. 218.
— composés nitrosés. Voy. p. 219.

On remarque dans le tube la formation de vapeurs nitreuses à basse température (80° à 100°), il y a mise en liberté d'azote, et des oxyrent des radicaux azotés oxygénés. *Ces composés dérivent des radicaux azotés oxygénés.*

Il se forme . . . .
— Un acide primaire monoatomique. . **Acides nitroliques.** Voy. p. 220.
— Un dinitroisocarbure. . . . . **Nitrols.** Voy. p. 220.

Décomposition simple, mise en liberté en général d'un phénol, le produit d'azote et est :
— Explosi' **dérivés diazoïques.** Voy. p. 220, 222.
— Stable, **dérivés azoïques.** Voy. p. 221.

Un dédoublement de la molécule ; on a :

Mise en liberté d'un alcali. *Composés azotés dérivés par substitution d'un ou de plusieurs radicaux azotés hydrogénés, à l'hydrogène des corps organiques.* Le composé primitif était :

Acide, neutre ou indifférent. L'action des hydratants donne :

De l'ammoniaque seule ou une amine . . . . . . **Sels ammoniacaux ou sels d'amines.**

Une base et un acide.
— La base est de l'ammoniaque. . **Amides.** / **Nitriles.** } Voy. p. 250.
— La base est une amine, ... **Alcalamides.** / **Alcalonitriles.** } Voy. p. 250.

Un alcool, de l'ammoniaque et CO^2 (produits de l'hydratation de l'acide cyanique) . . . . **Ethers cyaniques.** Voy. p. 238.

Du gaz carbonique et une amine. . . . . **Ethers isocyaniques.** Voy. p. 233.

Par hydratation il a donné une amine et de l'acide formique. . . . . **Carbylamines.** Voy. p. 258.

Nettement alcalin, ou dégageant un produit alcalin par distillation avec l'hydrate de baryte

Monoamines
— *Primaires.* . . . . .
— *Secondaires* . . . . . } Voy. p. 220, etc.
— *Tertiaires.* . . . . .

Polyamines. . . . .

Hydrazines. Voy. p. 227.

Amines oxygénées.
— *Ammoniums composés.*
— *Bases oxygénées dérivées des alcools polyatomiques.*

Aux amines se rattachent les phosphines, les arsines, les stibines. Près de ces dernières se placent les radicaux organométalliques et leurs dérivés : on ne s'arrêtera point à l'étude de ces corps. La détermination de l'élément métallique du composé étant toujours facil et guidant suffisamment pour les recherches à effectuer.

Bases pyridiques et quinoléiques. Voy. p. 243.

I

COMPOSÉS AZOTÉS FORMÉS PAR SUBSTITUTION D'UN RÉSIDU AZOTÉ OXYGÉNÉ, A L'HYDROGÈNE DES COMPOSÉS ORGANIQUES.

A. — COMPOSÉS NITRÉS

Les composés organiques soumis à l'action de l'acide nitrique, tantôt s'oxydent, tantôt échangent 1, 2, 3 atomes d'hydrogène contre un nombre égal de groupes d'hypoazotide, éq. $Az\ O^4$ at. $Az\ O^2$.

Atomiquement, on attribue à ce groupe $(Az\ O^2)$ la constitution suivante :

$$-Az\left\langle\begin{matrix}O\\|\\O\end{matrix}\right.$$

Dans l'étude de ces corps il suffit de considérer les dérivés nitrés des carbures d'hydrogène, les dérivés des autres fonctions s'y rattachant, car la substitution nitrée se fait toujours dans le radical hydrocarboné lié au groupement fonctionnel d'un composé.

Série grasse. — Les dérivés nitrés des carbures de la série grasse donnent par réduction des amines.

Les acides sulfurique et chlorhydrique, à 140°, les dédoublent en oxyammoniaque ou hydroxylamine et acides gras.

L'acide nitreux les convertit en acides nitroliques, en nitrols ou en nitroformènes suivant que
leur radical est primaire, secondaire ou tertiaire;
les deux premiers jouent le rôle d'acide; les nitrols
sont moins énergiques que les acides nitroliques ;
les nitroformènes sont neutres.

Série aromatique. — La substitution de l'hypoazotide à l'hydrogène du noyau benzinique, se fait
dans cette série avec une facilité remarquable. Il
suffit de faire agir l'acide nitrique dans les conditions indiquées (carbures, page 128).

L'attaque terminée, on étend d'eau ; le produit
nitré, en général insoluble dans l'eau, précipite. On
le sépare et on le fait cristalliser, s'il y a lieu, dans
la benzine, l'alcool, etc.

B. — DÉRIVÉS NITROSÉS

Dans un composé, H peut être remplacé par
$Az O^2$, en at. $Az O$. Cette substitution s'obtient au
moyen du nitrite de potasse. Les deux corps se
combinent avec élimination d'une molécule d'eau.

C. — DÉRIVÉS NITROSO-NITRÉS

Ils résultent des deux réactions successives qui
donnent naissance aux composés nitrés et aux
composés nitrosés. Ces composés sont peu stables,

l'action de la chaleur les décompose avant 100° en donnant des vapeurs nitreuses.

Dérivés nitroso-nitrés. Ils sont

> Colorés en jaune, fusibles sans changement de couleur, solubles dans l'éther, ils donnent des sels alcalins rouge orangé......... ACIDES NITROLIQUES.
>
> Incolores, cristallisés, fusibles en un liquide bleu et donnant des solutions bleues. Ils sont solubles dans le chloroforme................ NITROLS.

Composés azoïques.

GÉNÉRALITÉS

Par l'association des composés oxygénés de l'azote et des amines, avec élimination des éléments de l'eau, de nouveaux composés à fonction mixte prennent naissance; ce sont les dérivés diazoïques et azoïques.

Ainsi, l'acide azoteux réagissant sur l'aniline donne par élimination d'eau :

$$(\text{éq.}) \quad C^{12} H^7 Az + Az O^4 H = C^{12} H^4 Az^3 + 2 H^2 O^2$$

Diazobenzol[1]

---

[1] L'existence de ce composé à l'état libre a été contestée, car les atomistes écrivent $C^6 H^5 Az^2$; or un pareil corps, théoriquement, ne peut exister qu'à l'état de combinaison.

Le composé obtenu par Griess en décomposant le diazobenzol potassé par l'acide acétique, semble être $C^6 H^5 Az^2 OH$ (hydrate de diazo-benzol) qui n'a pu être déshydraté.

Les composés ainsi formés sont incomplets, puisque l'acide azoteux est lui-même incomplet; ils peuvent fixer soit H^2 ou $2H^2$, soit les éléments des acides ou des bases.

Cette série de composés a acquis, depuis quelques années, une importance industrielle considérable; nous les formulerons, dans la suite, en théorie atomique, cette notation ayant été employée par la plupart des auteurs qui ont décrit les propriétés de ces corps.

Pour les partisans de la théorie atomique, les azodérivés et les diazodérivés sont essentiellement caractérisés par la présence dans leur molécule d'un groupement de deux atomes d'azote échangeant entre eux deux valences.

$$— (Az = Az) —$$

Les deux autres valences libres peuvent être satisfaites soit par un seul résidu benzinique et un résidu métalloïdique (diazodérivés), soit par deux résidus benziniques (azodérivés).

Dans ces dérivés, plus que dans aucune autre classe de matières azotées, on peut remarquer l'allure spéciale que l'azote communique aux molécules organiques.

On se rend compte de certaines propriétés des azoïques en supposant que dans ces corps :

1º Deux Az sont liés entre eux par une double valence ;

2º L'atomicité de l'azote est 3 dans les composés les plus simples et peut devenir 5 ;

3º La double liaison entre deux équivalents ou atomes d'azote peut se transformer en une liaison simple.

Examinons maintenant les principaux composés azoïques.

α. — DÉRIVÉS DIAZOIQUES

Nous n'examinons ces corps qu'en admettant les idées atomiques, car elles permettent de se rendre plus facilement compte des propriétés des azoïques en général.

On peut définir les diazoïques, comme il suit : les composés diazoïques, ou plus simplement les diazoïques, sont des corps renfermant un seul résidu benzinique monovalent lié à l'azote ou au groupement — Az = Az —; l'autre atomicité restée libre, peut être satisfaite par un radical quelconque non hydrocarboné.

$$A — (Az = Az) — R$$

A est un radical aromatique.
R est un radical en général métalloïdique.

Les diazoïques dérivent des amines mono et polybenziniques; pour certains auteurs, ces corps seraient des produits intermédiaires entre les composés nitrés et les amines.

Ce sont des composés très instables, détonant sous le choc, ou même spontanément.

Ils jouent indifféremment le rôle d'acide et le rôle de base. On connaît par exemple :

Le diazobenzol potassé (at.) $C^6 H^5 Az^2 K =$
$$C^6 H^5 - Az = Az - K$$
Le chlorure de diazo-benzole $C^6 H^5 Az^2 Cl =$
$$C^6 H^5 - Az = Az - Cl$$

Propriétés.

1° Par l'action de l'eau bouillante, ils reproduisent le phénol correspondant au radical benzinique et l'acide correspondant au radical métalloïdique.

(éq.) $C^{12} H^5 Az^2 Az O^6 + H^2 O^2 = C^{12} H^6 O^2 + Az^2 +$
$$Az H O^6$$

(at.) $C^6 H^5 Az = Az - Az O^3 + H^2 O = C^6 H^5 OH + Az^2 +$
$$Az O^3 H$$

Dans ce cas particulier, l'acide nitrique peut réagir sur le phénol formé.

2° L'alcool dans les mêmes conditions transforme les dérivés diazoïques en carbures correspondants et s'oxyde.

(éq.) $C^{12} H^5 Az^2 Cl + C^4 H^6 O^2 = H Cl + Az^2 +$
$$C^4 H^4 O^2 + C^{12} H^6$$

$$(\text{at.})\ C^6 H^5 Az = Az - Cl + C^2 H^5 OH = HCl + Az^2 + CH^3 COH + C^6 H^6$$

3° Les dérivés diazoïques substitués subissent les mêmes décompositions, mais le radical du phénol reste substitué comme il l'était dans le dérivé diazoïque.

4° *Dérivés par addition.* — Il suffit d'examiner la formule de constitution des dérivés diazoïques pour voir que ces composés sont incomplets, en ce sens que deux unités de saturation peuvent devenir facilement vacantes.

$$C^5 H^5 Az = Az - R$$

Il peuvent donc fixer Cl, Br, I, O, etc. Si R est du chlore les dérivés halogéniques ainsi formés peuvent donc contenir 3 atomes d'un élément halogénique. — Ces composés, contenant 3 atomes de l'halogène, chauffés avec du carbonate de soude reproduisent le carbure substitué correspondant au radical benzinique.

Les dérivés diazoïques peuvent facilement par transposition moléculaire se convertir en azoïques.

Les amidophénols par l'action de l'acide azoteux donnent des *diazophénols*.

β. — DÉRIVÉS AZOIQUES

Dans les composés azoïques *le groupe* $(Az^2)''$ *réunit deux noyaux aromatiques.*

Les composés azoïques sont des composés incomplets; deux unités chimiques peuvent être saturées par le chlore, le brome, l'hydrogène, l'oxygène.

On considère quelquefois (nous l'avons déjà dit) les dérivés azoïques comme des termes de transition entre les dérivés nitrés et les amines; mais on doit remarquer que M. Hofmann a montré la transformation de l'hydrazobenzol en benzidine, que M. Limpritsch n'a pu par hydrogénation transformer les dérivés oxyazoïques et azoïques en amines correspondantes.

D'autres expériences s'accordent avec celles de ces chimistes.

Les azodérivés sont symétriques ou assymétriques.

Dans les composés azoïques symétriques, les deux radicaux benziniques sont identiques, tel est le cas de l'azobenzide (éq.) C^{12} H^5 Az^2 C^{12} H^5.

$$(at.) \ C^6 \ H^5 - Az = Az - C^6 \ H^5$$

Ces composés sont susceptibles de fournir:

1° Les dérivés oxyazoïques dont le type de constitution est :

$$C^6 \ H^5 - Az - Az \ C^6 \ H^5$$
$$\diagdown \diagup$$
$$O$$

$$R - Az = Az - R \ devenant \ R - Az - Az \ R$$
$$| \qquad |$$

d'où $R - Az - Az - R$
$$\diagdown \diagup$$
$$O$$

2° Les dérivés hydrazoïques dont les formules de constitution seraient identiques à celles des oxyazoïques. Soit l'hydrazobenzol.

$$C^6 H^5 - Az - Az - C^6 H^5$$
$$| \quad \quad |$$
$$H \quad \quad H$$

Il ne faut pas confondre ces dérivés avec les composés diimidés renfermant le groupe

$$- (Az H - Az H) -$$

fonctionnant comme le groupe quinonique.

Aux diazoïques aussi bien qu'aux azoïques se rattachent les composés diazoamidés. Ils se forment par substitution d'un radical diazoïque à l'hydrogène d'une amine aromatique.

Il y a donc dans ces composés trois atomes d'azote voisins.

Les dérivés diazoamidés présentent les caractères suivants :

α. Lorsqu'on les traite par un phénate alcalin ou une amine, ils se substituent à Az H² pour donner un dérivé azoïque substitué.

β. L'acide nitreux transforme le radical de l'amine en dérivé diazoïque; on a alors deux dérivés diazoïques provenant des deux radicaux benziniques du diazoamido-benzol.

En présence des alcalis, des acétates alcalins, et même sous la seule influence du temps, ils se transforment par simple transposition moléculaire en dérivés diazoamidés.

$$(\text{at.}) \; C^6H^5Az : Az - Az H C^6 H^5 = C^6 H^5 Az : Az \, C^6 H^4 Az H^2$$

Diazoamidobenzol   Amidoazobenzol

HYDRAZINES

Les hydrazines dérivent du groupe :

$$H^2 - Az - Az H^2$$

par substitution de radicaux gras ou aromatiques à l'hydrogène de ce groupe.

Ce groupement dérive lui-même du groupe azoïque.

$$- Az = Az -$$

qui se transforme par hydrogénation en groupe :

$$> Az - Az <$$

On peut supposer des hydrazines se rattachant à l'un des types suivants :

H R Az — Az H²,   hydrazines primaires.
R R Az — Az H²,   hydrazines secondaires dissymétriques.
R H Az — Az H R, hydrazines secondaires symétriques.
R R Az — Az R H, non obtenues.
R R Az — Az R R, non obtenues.

Il existe même des ammoniums composés dérivés des hydrazines, mais ces corps ont peu d'importance.

Propriétés.

Hydrazines primaires. — Bases douées de propriétés réductrices énergiques; elles réduisent à froid la liqueur de Fehling et l'oxyde de mercure avec dégagement d'azote. L'acide azoteux décompose les hydrazines de la série aromatique en fournissant des dérivés nitrosés.

Hydrazines secondaires symétriques ou hydrazoïques. — Corps généralement incolores, moins stables que les composés azoïques; par oxydation, ils reproduisent ces derniers. — Ils opposent une grande résistance aux agents réducteurs. — Chauffés avec les acides faibles, ils se transforment en bases isomériques. Ils n'existent que dans la série aromatique.

Hydrazines secondaires dissymétriques. — Ne réduisent qu'à chaud la liqueur de Fehling et l'oxyde de mercure.

Par l'action de l'acide nitreux les bases de la série grasse donnent une tétrazone et une amine secondaire; celles de la série aromatique un dérivé nitrosé.

II

COMPOSÉS AZOTÉS FORMÉS PAR SUBSTITUTION A L'HYDROGÈNE D'UN RÉSIDU AZOTÉ HYDROGÉNÉ

AMINES

(Ammoniaques composées ou éthers ammoniacaux.)

Notions générales sur les amines.

La réduction complète des composés nitrés a pour effet de transformer le groupe (at.) AzO^2 en un groupe $Az H^2$: cette réduction donne des amines.

Lorsque les composés renferment plusieurs groupes $Az O^2$, la réduction peut ne s'effectuer que sur l'un d'eux ; on obtient alors des nitrosoamines.

Il est bon de ne point oublier que la potasse alcoolique transforme ordinairement les composés nitrés en composés azoïques. Il est des cas où cette action est plus simple ; il se forme un nitrite et (at.) $Az O^2$ est remplacé par (at.) $O. C^2 H^5$.

Formation. — Il existe plusieurs procédés pour opérer la réduction des composés nitrés. La méthode suivante régulièrement suivie est avantageuse:

On sature de l'alcool par de l'acide chlorhydrique gazeux, on mélange le dérivé nitré et on chauffe avec de l'étain.

La réaction terminée, on précipite l'étain par l'acide sulfhydrique, on filtre et on chasse l'acide sulfhydrique par ébullition.

Les composés ammoniacaux formés sont dans la liqueur à l'état de chlorhydrates.

CONSTITUTION. — Les amines, dont la première fut découverte par Wurtz en 1853, sont les éthers ammoniacaux.

$$\text{Alcool} + Az\,H^3 - 1 \text{ mol. d'eau} = \text{Amine.}$$

On peut les considérer aussi comme dérivant de l'ammoniaque par substitution de radicaux alcooliques à l'hydrogène de l'ammoniaque.

Si les radicaux sont monovalents la substitution peut s'effectuer entre 1, 2, 3 atomes d'hydrogène de l'ammoniaque et le radical monovalent; on obtient ainsi les monoamines primaires, secondaires, tertiaires.

Si les radicaux sont polyvalents, la substitution se fait ordinairement sur plusieurs molécules d'ammoniaque: on obtient par exemple une diamine, le radical bivalent soudant plusieurs molécules d'ammoniaque en une molécule unique.

$$Az \left\{\begin{array}{l} H \\ H \\ (C^n H^{2n})'' \end{array}\right.$$
$$Az \left\{\begin{array}{l} H \\ H \end{array}\right.$$

La formation des triamines, des tétramines, etc., etc., s'expliquerait d'une façon identique.

Cependant un seul radical bi ou triatomique peut se substituer à l'hydrogène de l'ammoniaque. Soit

$$Az \begin{cases} \text{H} \\ \text{R''} \end{cases} \text{ou } Az\ \text{R'''}.$$

Si on combine un chlorure, bromure, iodure de radical à une amine tertiaire

$$(\text{at.}) Az \begin{cases} C^2 H^5 \\ -C^2 H^5 \\ C^3 H^5 \end{cases} + C^3 H^5 I = \left[Az \begin{cases} C^2 H^5 \\ -C^2 H^5 \\ C^2 H^5 \\ C^2 H^5 \end{cases} \right] I$$

Triéthylamine   Iodure d'éthyle   Iodure de tétréthylammonium

on a le sel d'une amine quaternaire. Ces amines quaternaires ne sont point connues à l'état libre, mais forment une série de combinaisons absolument comparables à la série des composés ammoniacaux.

CARACTÈRES DES AMINES

Les amines sont des composés alcalins, volatils (sauf les amines quaternaires), tantôt liquides, tantôt solides.

Elles sont généralement douées d'une odeur forte rappelant plus ou moins celle de l'ammoniaque.

Tous les alcalis les chassent de leurs combinaisons salines. — Il convient d'excepter les ammoniums quaternaires.

Il importe de les séparer de l'ammoniaque qui les accompagne souvent dans les réactions qui leur donnent naissance, de déterminer combien d'équivalents d'hydrogène de l'ammoniaque ont été remplacés par des radicaux alcooliques, etc.

On examinera donc les points suivants:

1° Séparation des amines et de l'ammoniaque, p. 232;

2° Réactions des amines, p. 233;

3° Dosage de l'hydrogène typique dans les amines, p. 235;

4° Séparation des monoamines, p. 237;

5° Place à assigner à une amine donnée dans la classification de ces composés, p. 240.

1° Séparation des amines et de l'ammoniaque.

Le point important est d'avoir un moyen simple de séparer les amines et l'ammoniaque, quand il s'agit d'amines facilement volatiles ou gazeuses à température peu élevée et à la pression ordinaire.

Cette séparation peut s'effectuer facilement en transformant le mélange d'amines et d'ammoniaque : 1° en oxalates, ou 2° en chlorhydrates.

1° Supposons le mélange d'amines et d'ammoniaque transformé en oxalates, on traite ce mélange par l'alcool absolu (Carey Lea).

On a $\begin{cases} \text{une solution} \begin{cases} \text{contenant les oxalates.} \\ \text{des AMINES SEULES.} \end{cases} \\ \text{un produit} \begin{cases} \text{ce produit insoluble est de} \\ \text{l'OXALATE D'AMMONIAQUE.} \end{cases} \\ \text{insoluble} \end{cases}$

2º Le mélange d'amines et d'ammoniaque étant transformé en chlorhydrates, on traite de la même façon par l'alcool absolu :

On a $\begin{cases} \text{Solution contenant les CHLORHYDRATES D'A-} \\ \text{MINES.} \\ \text{Produit insoluble constitué par du CHLORHY-} \\ \text{DRATE D'AMMONIAQUE.} \end{cases}$

2º Réactions des amines.

1º En présence des acides, les amines sont salifiées; la préparation de ces sels est quelquefois assez délicate.

Les sels neutres cristallisent plus généralement que les sels acides, il faudra donc éviter la présence d'un excès d'acide dans la préparation de ces sels.

Parmi les sels, le plus important est le **chloroplatinate** au point de vue de la détermination du poids moléculaire. Pour préparer les chloroplatinates d'amines, on prendra les précautions indiquées à propos de la préparation des chloroplatinates d'alcaloïdes.

14.

2° L'iodure double de bismuth et de potassium précipite les chlorhydrates d'amines.

Les précipités sont orangés ou rouge foncé, amorphes ou cristallins.

L'eau en excès les décompose : il se sépare de l'oxyiodure de bismuth.

L'alcool les dissout facilement à chaud et les abandonne cristallisés par le refroidissement.

L'iodure double de bismuth et de potassium employé pour ces réactions se prépare en faisant dissoudre 8 gr. de sous-nitrate de bismuth dans 20 cc. d'acide azotique à 1,18. Cette solution est, versée peu à peu dans une autre solution contenant 25 gr. 20 d'iodure de potassium dissous dans peu d'eau. On refroidit fortement; l'azotate de potasse cristallise en grande partie; on le sépare et on étend pour faire 100 cc.

3° Le nitrite de soude ajouté goutte à goutte à une amine en dissolution, dans un excès d'acide chlorhydrique de concentration moyenne, donne un produit qu'on sépare par l'éther. L'éther étant décanté, on le dessèche sur du chlorure de calcium, on le sépare et on le laisse évaporer. Les amines donnent ainsi des nitrosamines.

4° Certaines amines peuvent se transformer en nitriles. — Cette transformation s'effectue à partir des corps en éq. C^{10}, at. C^5. On traite par le brome en solution alcaline, il se forme un bibromure de l'amine, qui par ébullition avec la soude donne, un nitrile.

Les corps contenant moins de éq. C^{10} donnent $Az\,H^3$ et l'acide correspondant au nitrile.

3° Dosage de l'hydrogène typique dans les amines.
(ACTION DES ALDÉHYDES)

Procédé de M. H. Schiff. — Ce procédé est très commode et très simple pour déterminer si une monoamine est primaire, secondaire ou tertiaire, quand on connaît la nature des radicaux substitués ; il est basé sur l'action des aldéhydes sur les amines.

Les aldéhydes en présence des amines, à la température ordinaire, agissent rapidement sur l'hydrogène typique non substitué d'une amine. Il y a élimination d'eau et combinaison des restes : ainsi, on peut avoir :

$$(\text{al.})\ az \underset{\displaystyle R}{\overset{\displaystyle H}{-}} H + R'\,C\,O\,H = H^2O + (R'CH)''\!=\!Az\!-\!R$$

$$2\,Az \underset{\displaystyle R}{\overset{\displaystyle H}{-}} R + R'\,C\,O\,H = H^2O + \begin{array}{c} Az\!-\!R,R \\ (CHR')'' \\ Az\!-\!R,R \end{array}$$

M. Schiff opère de préférence la réaction avec l'œnanthol.

Mode opératoire. — On prend 69 cc. 5 d'œnanthol (aldéhyde heptylique) que l'on dissout dans 100 cc. de benzine. Chaque centimètre cube de cette liqueur, employé pour opérer la réaction précédente, déplace d'après le calcul 0 gr. 02 d'hydrogène typique pour former de l'eau.

On pèse de 1 gr. à 3 gr. de l'amine à examiner, on la dissout dans quelques centimètres cubes de benzine; on ajoute du chlorure de calcium fondu, en fragments.

Au moyen d'une burette graduée on verse la solution titrée d'œnanthol, goutte à goutte. La liqueur se trouble, l'eau éliminée qui produit ce trouble est absorbée par du chlorure de calcium. Quand l'addition d'œnanthol ne produit plus de trouble, on lit le volume de liqueur titrée employé.

On peut alors, connaissant soit la densité de vapeur de l'amine, soit le poids de platine contenu dans son chloroplatinate et le poids d'œnanthol entré en réaction, calculer le nombre d'atomes d'hydrogène typique non remplacé, contenu dans la molécule.

4° Séparation des monoamines primaires, secondaires, tertiaires

Etant donné en mélange de monoamines primaires, secondaires, tertiaires et quaternaires,

on distille $\left\{\begin{array}{l}\text{Le produit distillé renferme les amines} \\ \quad\text{primaires, secondaires, tertiaires.} \\ \text{La cornue retient les amines quaternaires.}\end{array}\right.$

(Il faut avoir soin de ne pas chauffer au point de décomposer l'amine quaternaire.)

Sur les amines volatiles on fait agir l'oxalate d'éthyle.

L'oxalate d'éthyle agissant sur un mélange de monoamines, donne, en supposant que ces amines soient éthylées pour simplifier les termes:

Du *diéthyloxamide solide* pour la monoamine **primaire**;

Du diéthyloxamate d'éthyle bouillant à 250° pour la monoamine **secondaire**;

Aucune combinaison pour la monoamine **tertiaire**.

C'est ainsi qu'avec l'éthylamine, on obtient un diéthyloxamide sodide.

Avec la diéthylamine, le diéthyloxamate d'éthyle bouillant à 250°, se produit, et la triéthylamine reste libre. (Hofmann. *Repert. de chim. pure*, t. V, p. 44.)

On voit donc la possibilité de séparer facilement les trois produits.

O. Wallach a montré que dans cette action il se forme toujours de l'éther monoéthyloxamique qui reste mélangé à l'éther diéthyloxamique dérivant de la diéthylamine.

Les points d'ébullition de ces éthers sont très voisins, ce qui rend leur séparation difficile. (*Bull. soc. chim.*, XXV, p. 79.)

M. Heintz a fait voir que si l'on cherche à séparer le diéthyloxamide du diéthyoxamate d'éthyle par l'eau bouillante, on produit par la saponification de ces produits les acides éthyloxamique et diéthyloxamique.

Le meilleur procédé pour séparer le diéthyloxamide du diéthyloxamate d'éthyle consiste à essorer à la trompe les cristaux de diéthyloxamide placés sur un entonnoir. On les exprime ensuite entre deux feuilles de papier à filtrer.

Quand on sépare la diéthylamine de l'éthylamine, cette méthode ne donne pas de bons résultats, car il se forme toujours dans la réaction des produits huileux qui retiennent beaucoup de diéthyloxamide.

Il est important de remarquer que *le procédé de Hofmann est général* (Duvillier). La principale précaution à prendre est de *n'opérer qu'avec des produits bien privés d'eau et en vase clos.*

HYDRATES DES BASES QUATERNAIRES

Ces bases sont solides, cristallisables, déliques-
centes, avides de gaz carbonique.

Elles ne sont point distillables.

Quand on cherche à distiller une amine quaternaire, elle se décompose en donnant :

Une amine tertiaire, — un carbure — de l'eau,
ou une amine tertiaire. — et de l'alcool méthylique.

Le carbure qui se sépare est toujours le moins
riche en carbone.

Si l'un des radicaux est du méthyle, il se forme
de l'alcool méthylique, en effet, CH^3 perdant H en
sortant de la combinaison on a :

$$\left.\begin{array}{l}R\\R\\R\\CH^3\end{array}\right\}Az\,OH = \left.\begin{array}{l}R\\R\\R\end{array}\right\}Az + CH^2,\,OH^2\ \text{ou}\ CH^3,\,OH$$

Les radicaux (éq.) $C^{2n}H^{2n+1}$ (at.) $C^n H^{2n+1}$ donnent un carbure éthylénique qui peut rester à
l'état de liberté, ta   que le méthylène (éq.)
$C^2 H^2$ (at.) CH^2 doit ou se condenser ou se combiner
à l'eau, ce qui explique la formation d'alcool méthylique.

5° *Place à assigner à une amine dans la classification générale de ces composés.* Par une série d'essais préalables, on sait si l'amine renferme dans sa molécule 1, 2 ou 3,... équivalents ou atomes d'azote.

On cherchera alors à constater l'ensemble de propriétés indiquées pour les :

Monoamines, p. 240.
Diamines, p. 243.
Triamines, etc., p. 243.

MONOAMINES

SÉRIE GRASSE

MONOAMINES { primaires {

Bases formant avec les acides des sels très facilement volatils sans décomposition.

Par l'action de l'acide azoteux elles perdent leur azote.

Les monoamines primaires peuvent s'unir à 3 molécules d'iodure alcoolique pour former un iodure d'ammonium composé.

MONOAMINES

secondaires — Propriétés comparables à celles des amines primaires de même radical alcoolique, mais elles sont moins solubles et moins fortement alcalines.

Elles ne s'unissent qu'à deux molécules d'un iodure alcoolique pour former un ammonium composé.

tertiaires — Le point d'ébullition est plus élevé que celui des amines secondaires, elles sont aussi moins basiques et moins solubles dans l'eau.

Une seule molécule d'un éther iodhydrique suffit pour les transformer en iodure d'ammonium.

Quaternaires ou Ammoniums — Amines n'existant qu'à l'état de sels ou d'hydrates d'oxyde, non distillables sans décomposition.

Les iodures alcooliques ne les modifient point.

L'iodure de ces bases donne par distillation une amine tertiaire et un éther iodhydrique.

Nous étudierons à part les amines aromatiques

en raison de leur importance théorique et industrielle.

SÉRIE AROMATIQUE

MONOAMINES AROMATIQUES

primaires

L'isomérie dans ces composés a une grande importance ; elle résulte de la situation de AzH^2 et de la chaîne latérale.

Elles sont moins solubles dans l'eau que les monoamines primaires de la série grasse, et moins basiques.

Action des oxydants. — Les oxydants ordinaires, chlorure de chaux, acides arsénique, chromique, etc., en solution ou à sec, donnent une coloration variable avec la nature de la base ou du mélange des bases.

Action des halogènes. —Agissent facilement, comme sur tous les corps de la série aromatique : ils donnent des produits de substitution.

Acide sulfurique. — Donne un sulfoconjugé.

Éthers iodhydriques. —Agissent comme sur les amines de la série grasse.

secondaires

Insolubles dans l'eau, faiblement basiques.

Les oxydants donnent des produits colorés souvent très beaux.

Les éthers iodhydriques agissent comme sur les monoamines secondaires de la série grasse.

<table>
<tr><td rowspan="2">MON OAMINES
A ROMATIQUES
(Suite.)</td><td>tertiaires</td><td>Elles possèdent les mêmes propriétés que les amines secondaires, mais elles sont atténuées.
Elles donnent des colorations diverses sous l'influence des réactifs.</td></tr>
<tr><td>quaternaires</td><td>Bases n'existant qu'à l'état de sels ou d'hydrates d'oxydes ; se décomposant par distillation.
Les iodures alcooliques ne les modifient point.</td></tr>
</table>

DIAMINES

Les diamines se conduisent comme deux molécules de monoamines avec cette différence que les deux molécules sont soudées l'une à l'autre d'une manière invariable et se comportent comme une seule.

Les bases diamines monosubstituées sont susceptibles de fixer 6 résidus monovalents ; ainsi un iodure alcoolique peut donner un iodure d'ammonium de la forme.

$$R''\diagup\!\!\!\!\diagdown\begin{array}{l}Az\ R^3\ I\\ Az\ R^3\ I\end{array}$$

On peut prévoir théoriquement la complexité des autres diamines.

TRIAMINES

Les triamines résultent de la condensation de 3 molécules d'ammoniaque en une seule molécule, condensation dont on conçoit la possibilité en supposant les 3 molécules ammoniacales réunies par 2 radicaux bivalents, par un ou plusieurs radicaux trivalents, par un radical d'atomicité supérieure à 3.

Nous renvoyons, pour ces corps, aux traités de chimie.

Rappelons seulement ici que certaines triamines aromatiques paraissent dériver du triphénylméthane. (Voy. Dict. de Wurtz, Supp., art. *Rosaniline.*)

POLYAMINES

Les notions élémentaires exposées dans ce livre ne comportent point l'étude des polyamines.

Remarque sur les ammoniums. — Nous avons parlé des ammoniums des monoamines, p. 239.

Pour les ammoniums des autres amines, l'analyse élémentaire, l'examen des propriétés physiques et chimiques, la présence d'oxygène qui parfois disparaît quand on prépare le chlorure ou l'iodure de la base sont des caractères dont on doit tenir compte.

La complexité croissante de ces composés supprime la possibilité de poser des règles simples pour en faire l'étude.

B et C

BASES PYRIDIQUES ET QUINOLÉIQUES

Généralités.

Les bases pyridiques et quinoléiques se forment le plus généralement dans l'action de la chaleur sur beaucoup de composés azotés, c'est donc surtout dans les produits d'actions pyrogénées qu'on devra les chercher.

Les bases pyridiques se rencontrent plus fréquemment que les bases quinoléiques.

Les bases pyridiques sont évidemment des dérivés aldéhydiques, mais on admet aussi que par leur constitution elles présentent de l'analogie avec la molécule benzinique ; elles ne différeraient de cette dernière que par la substitution de $(Az)'''$ à $(C H)'''$ de même atomicité.

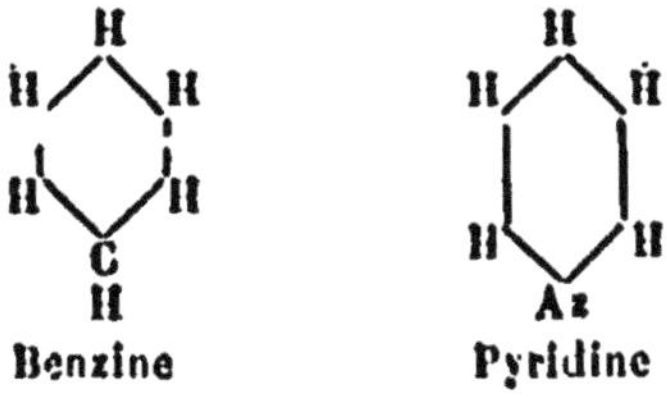

Benzine   Pyridine

La pyridine forme le premier terme de la série ; les homologues prennent naissance par substitution de radicaux alcooliques à l'hydrogène du noyau pyridique.

Il se forme aussi des isomères comme dans les dérivés bisubstitués de la benzine, mais un seul H remplacé par un radical entraîne déjà l'isomérie. Cette simple remarque établit que l'isomérie est plus compliquée dans la série pyridique que dans la série benzinique.

Les bases quinoléïques résultent de l'union d'une molécule de pyridine avec une molécule de benzine, les deux molécules étant soudées par deux atomes de carbone communs.

$$
\begin{array}{ccc}
 & H \quad H & \\
H & & H \\
 & C & \\
 & C & \\
H & & H \\
 & H \quad Az &
\end{array}
$$

On rattache encore les bases quinoléiques à la naphtaline.

La quinoléïne est le premier terme de la série ; les homologues se forment par substitution de radicaux alcooliques à l'hydrogène.

L'étude de ces deux séries de bases est étroitement liée à celle des alcaloïdes naturels, elles représentent en effet un des termes les plus constants de leur décomposition pyrogénée.

Remarques sur les bases pyridiques et quinoléïques. — Ces bases possèdent une odeur spéciale ; elles sont volatiles et très alcalines. Leurs vapeurs produisent des fumées de chlorhydrates lorsqu'on leur présente une baguette imprégnée d'acide chlorhydrique.

Leur tension de vapeur est assez forte.

L'analyse élémentaire de ces bases demande quelques précautions pour éviter les pertes de carbone. Il est donc bon de faire usage d'oxygène pur et de mélanger la matière à l'oxyde de cuivre ou au chromate de plomb.

CARACTÈRES DES BASES PYRIDIQUES ET QUINOLÉIQUES

A ce qui vient d'être dit ajoutons les données suivantes, utilisables dans la détermination des bases pyridiques ou quinoléiques.

Procédé de Hofmann. — Le procédé de Hofmann peut rendre service, mais uniquement à ceux qui ont eu déjà à manier les composés pyridiques ou quinoléiques; à ce point de vue il est d'une valeur secondaire.

Hofmann conseille de chauffer quelques gouttes du liquide à examiner avec de l'éther méthyliodhydrique. On ajoute ensuite de la potasse caustique en grand excès et très peu d'eau de façon à former une bouillie épaisse. En chauffant on perçoit une odeur piquante caractéristique si le produit contient des bases pyridiques.

Les bases quinoléiques donnent une réaction semblable, mais l'odeur est bien différente de celle fournie par les bases pyridiques ; elle est également caractéristique.

Cette réaction est très nette pour reconnaître les bases pyridiques et quinoléiques, mais malheureusement elle demande que l'opérateur se soit auparavant familiarisé avec l'odeur de ces produits.

En même temps que les composés odorants se dégagent, il se forme parfois des colorations pouvant fournir d'utiles renseignements.

Réaction d'Anderson. — La réaction d'Anderson est précieuse, car *elle permet de différencier les bases pyridiques et les bases quinoléiques.*

Elle permet généralement de distinguer les bases de ces deux séries de leurs hydrures.

Le chloroplatinate d'une base pyridique a pour ormule

$$(\text{at.}) \ (C^n H^{2n-5} Az H Cl)^2 Pt Cl^4$$

Chauffé quelque temps avec de l'eau bouillante il perd 2 molécules d'acide chlorhydrique en donnant le composé suivant :

$$(\text{at.}) \ Pt Cl^2 (C^n H^{2n-5} Az Cl)^2$$

La première portion de ce composé se combine au chloroplatinate non altéré et donne :

$$(C^n H^{2n-5} Az Cl.) Pt Cl^2 (C^n H^{2n-5} Az H Cl)^2 P Cl^4.$$

sel jaune qui se dépose.

Le temps nécessaire pour obtenir cette réaction varie de quelques minutes à deux heures.

Les bases hydropyridiques ont des chloroplatinates très instables.

Les chloroplatinates des bases quinoléiques ne subissent aucune modification appréciable sous l'influence de l'eau bouillante.

Les chloroplatinates des bases hydroquinoléiques sont très facilement modifiés.

Quand on applique la réaction d'Anderson il est difficile d'atteindre la limite où l'on obtient le sel double, c'est-à-dire le chloroplatinate modifié, absolument pur.

Résumons l'ensemble de ces réactions :

Par ses propriétés, par sa formu'e, par sa résistance à l'oxydation on reconnaît **La Pyridine**.

Par oxydation on a des acides azotés, qui distillés avec la chaux en excès donnent de l'acide carbonique et de la pyridine.	Bases pyridiques ou quinoléiques	Par oxyd. de la base on a un acide mono-bi-triou théoriquement tétra, et penta-carbonique. → **Homologues supérieurs de la Pyridine**
		Par oxydation on a un acide dicarbopyridique. → **Quinoléines.**

Le chloropla-	Instable	Bases hydropyridiques.
tinate est		— hydroquinoléiques.
	Transformable en chloroplati-noplatinate.	Bases pyridiques.
	Stable.	Bases quinoléiques.

Ces indications sont loin d'être suffisantes; elles peuvent cependant être utiles; c'est pourquoi nous avons cru devoir les réunir ici.

On peut du reste compléter ces notions en consultant les travaux de M. O. de Coninck. (*Bull. Soc. Ch.*, 1885, t. XLIII et XLIV.)

D

AMIDES

Généralités.

Les amides dérivent des sels ammoniacaux (amides proprement dits) ou des sels d'amines (alcalamides) par perte d'eau.

On peut aussi les considérer, ce qui revient au même, comme dérivant de l'ammoniaque par substitution d'un reste oxygéné d'acide à l'hydrogène de l'ammoniaque.

Leur vrai mode de formation est la déshydratation du sel ammoniacal ou du sel d'amine sous l'influence de la chaleur.

On prévoit que la déshydratation peut être poussée plus ou moins loin, d'où amides, nitriles, etc... d'où, composés pouvant ne plus renfermer d'oxygène. L'atomicité, la basicité de l'acide peuvent varier, d'où amides à fonctions complexes, amides dérivant de sels neutres ou de sels acides, d'où amides acides dits parfois acides amidés.

La classification des acides peut servir de base à la classification des amides.

On peut aussi rappeler que les amides sont supposés contenir le groupement $Az H^2$, les imides $Az H''$ et les nitriles Az''' lié à un carbure trivalent, soit un nitrile $R - C \equiv Az$.

Si l'on suppose que le sel résultant de la combinaison d'un produit oxydé de l'azote et d'une amine perde de l'eau on obtient un azoïque.

Les azoïques dont il a été parlé déjà p. 220, et les hydrazines se rattachent donc aux amides.

Nous ne dirons rien des amides à fonction complexe, pas plus que des albuminoïdes qui en font partie.

CARACTÉRISTIQUE DES AMIDES

En donnant au mot amide son sens le plus étendu

c'est-à-dire en entendant par amides, les amides, les nitriles, les imides, etc., on peut les définir :

Corps contenant de l'oxygène.
— ne contenant point d'oxygène. | Régénérant, sous l'influence

à chaud des acides ou des bases de l'ammoniaque, ou une amine, et un acide.

C'est là la caractéristique des amides.

Mais ce caractère, simple de prime abord, s'applique à des corps bien différents, au point de vue des propriétés physiques et même des propriétés chimiques, et possédant néanmoins des propriétés chimiques fondamentales communes.

Propriétés principales

Les amides sont des corps neutres. Cependant les amides primaires peuvent se combiner aux acides et donner des sels.

Par hydratation ils régénèrent l'acide et l'ammoniaque, ou l'amine qui entre dans leur composition.

L'acide azoteux régénère l'acide, donne de l'eau et met en liberté l'azote de l'amine : en même temps l'azote de l'acide azoteux devient libre.

Les déshydratants donnent des nitriles.

Les amides secondaires sont acides et doués de propriétés analogues à celles des amides primaires.

Nous ne parlerons pas des autres amides.

L'analyse montrera que des corps doués de la fonction amide renferment 1, 2 ou 3 Az, d'où monamides, diamides, triamides, etc.

On peut donc avoir des amides mono ou polyazotés.

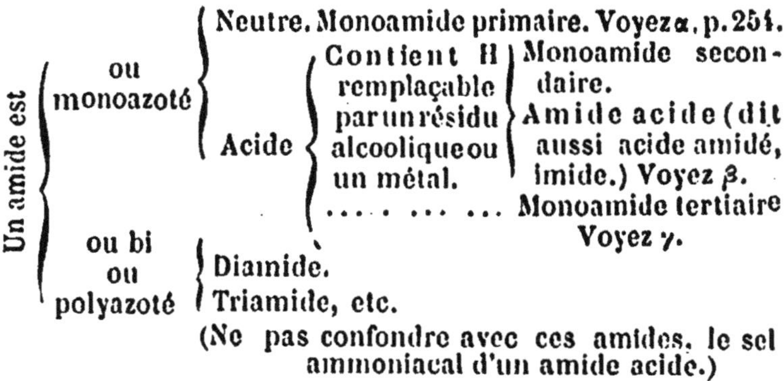

(Ne pas confondre avec ces amides, le sel ammoniacal d'un amide acide.)

EXAMEN D'UN AMIDE

L'amide est monoazoté. **Monoamide.**

—   diazoté..... **Diamide.**

—   triazoté..... **Triamide.**

MONOAMIDES

Corps neutres α.
— acides β et γ.

α. 1. Corps neutres, pouvant donner avec les acides des combinaisons peu stables, de même qu'avec les bases ; se combinant parfois aux oxydes métalliques.

Donnant lieu par action de l'eau à 200°. — ou des acides. . . . — ou des alcalis. . . . à une fixation d'eau.

d'où régénération de l'acide et d'Az H^3 . .

— — — ou d'amines. . . . ALCALAMIDES

MONAMIDES PRIMAIRES

MONAMIDES PRIMAIRES

Par les chlorures acides donnant un amide secondaire. . . . .
— l'acide azoteux perdant leur azote.
— les déshydratants donnant un nitrile.

2. Il existe des monoamides primaires dérivant d'acides bibasiques comme l'acide oxalique. Ils se forment par déshydratation du sel monoammoniacal. Ces amides acides sont dits souvent acides amidés. Ils peuvent se combiner à l'ammoniaque pour donner le sel de l'amide acide, qui lui par perte d'eau donnerait un diamide primaire. L'a-

cide oxamique et l'oxamide répondent à ces composés.

β. Corps franchement acides.
— pouvant échanger 1 H contre des métaux.

Corps donnant avec les acides
bouillants et de l'eau un sel ammoniacal (1 mol.) et l'acide de l'amide
(2 moléc.)

Ou donnant un sel ammoniacal
(1 mol.) et un acide bi… ou polybasique. Il suffit en effet que le résidu
acide soit bivalent. Ces monoamines secondaires sont des imides.

On conçoit les autres hypothèses
possibles.

MONOAMIDES SECONDAIRES

γ. On ne peut plus substituer à
l'hydrogène de l'ammoniaque de
résidu acide. l'hydratation pouvant
donner 3 mol. d'acide monovalent
dans le cas le plus simple.

Il n'y a pas d'amides quaternaires
comparables aux ammoniums.

MONOAMIDES TERTIAIRES

DIAMIDES

Ces amides par hydratation régénèrent 2 mol. d'ammoniaque et
1 molécule d'acide basique.

DIAMIDES PRIMAIRES

Ils régénèrent 2 mol. d'ammoniaque et 2 d'acide bibasique.	**DIAMIDES SECONDAIRES**
Ils régénèrent 2 mol. d'ammoniaque et 3 mol. d'acide bibasique.	**DIAMIDES TERTIAIRES**

Nous ne nous arrêterons point aux autres cas possibles, le lecteur se reportera à la théorie générale des amides dans les traités de chimie organique.

TRIAMIDES, ETC.

Les triamides, quels qu'ils soient, doivent toujours sous l'influence des agents d'hydratation régénérer 3 molécules d'ammoniaque.

Les azoïques sont en réalité des amides puisque par hydratation ils donnent de l'ammoniaque et un acide.

On a cependant parlé de ces corps à un autre endroit, p. 220, car ils dérivent de la substitution d'un composé oxydé de l'azote à H dans un corps organique.

Quant aux albuminoïdes, il suffit de rappeler que ce sont des amides à fonction complexe.

E

DÉRIVÉS DU CYANOGÈNE

Le cyanogène est le nitrile oxalique.

$$(\text{éq.}) \; C^4 H^2 O^8, \; 2\,Az\,H^3 - 4\,H^2 O^3 = C^4\,Az^2$$
$$(\text{at.}) \; C^2 H^2 O^5, \; 2\,Az\,H^3 = 4\,H^2 O + C^2\,Az^2$$

L'acide cyanhydrique est le nitrile formique.

$$(\text{éq.}) \; C^2 H^2 O^4, \; Az\,H^3 - 2\,H^2 O^2 = C^2\,Az\,H$$
$$(\text{at.}) \; C H^2 O^2, \; Az\,H^3 - 2\,H^2 O = C\,Az\,H$$

Les acides cyaniques sont liés à l'acide carbonique par les mêmes relations.

Théoriquement, il n'y a donc point lieu d'étudier à part le cyanogène et ses dérivés ; ces corps sont les amides de différents acides. Cependant la simplicité qui résulte du rapprochement de ces corps, simplicité incontestable dans le cas d'applications analytiques, nous détermine à rapprocher des corps théoriquement très distincts.

Si nous groupons ici les dérivés du cyanogène, ce n'est donc point comme on pourrait le penser, en nous inspirant de la théorie de Gay-Lussac, et de l'habitude, mais uniquement en vertu des avantages pratiques qu'y trouve l'analyse.

Réactions analytiques.

Il est toujours facile de constater la présence du cyanogène et de l'acide cyanhydrique libres.

Les autres composés du cyanogène peuvent être caractérisés par la méthode suivante :

On chauffe le produit à examiner en tube scellé avec une sotion potassique.

On examine les produits de la réaction :

On obtient:

α. De l'ammoniaque et un acide qui y reste combiné. Cet acide est déterminé. Il contiendra (at.) C ou C^2 de plus que le composé primitif, suivant qu'on est parti d'un éther mono ou dicyanhydrique. } **Nitriles.**

β. Une amine et de l'acide formique. Le produit primitif est doué d'une odeur infecte. } **Carbylamines.**

γ. Un alcool, de l'acide cyanique ou ses produits de décomposition CO^2 et $Az H^3$. } **Ethers cyaniques de Cloëz.**

δ. Du gaz carbonique et une amine. } **Ethers isocyaniques.**

A ces quelques indications élémentaires, il convient d'ajouter les notions suivantes, utilisables dans l'étude analytique des composés métalliques du cyanogène.

Après avoir transformé en sel alcalin, s'il y a lieu, le composé cyané métallique, on ajoute du nitrate de baryte, il donne :

1° Un précipité { Ce précipité, chauffé avec H Cl bouillant, dégage un gaz qui précipite l'eau de chaux. La liqueur contient de l'ammoniaque. } ...... **Cyanates.**

2° Une liqueur. Par addition d'azotate d'argent; il se forme :

1° Un précipité

— Rouge brun { La solution primitive précipite les sels ferreux en bleu intense. } **Ferri-cyanures.**

— Blanc { La liqueur primitive précipite les sels ferreux en jaune rougeâtre, et distillée avec un acide elle donne de l'acide prussique. } **Cyanures.**

{ La liqueur primitive précipite les sels ferreux en blanc, le précipité bleuit à l'air. } **Ferro-cyanures.**

2° Liqueur reste limpide.

F

ALCALIS NATURELS (ALCALOÏDES)

Généralités.

En traitant les végétaux ou les produits animaux, par différents dissolvants, dans le but d'en extraire des espèces chimiques, on en retire parfois des corps azotés, doués de propriétés basiques; on est en présence d'*alcalis naturels* ou *alcaloïdes*.

Les liquides et les tissus de l'organisme contiennent normalement et dans l'état pathologique des produits de nature alcaloïdique (*leucomaïnes*). Des corps analogues se forment également dans la putréfaction des matières animales (*ptomaïnes*). Pour l'étude des ptomaïnes et des leucomaïnes nous renvoyons aux mémoires de M. Gautier, qui a découvert ces nouveaux alcaloïdes. Voyez spécialement *Agenda du Chimiste*, notice sur les *Alcaloïdes dérivés des tissus animaux*, 1886, p. 457.

Les alcaloïdes sont en réalité, sinon tous du moins en grand nombre, doués de fonctions complexes. Ils sont liés manifestement aux amines et aux pyridines.

CARACTÈRES DES ALCALOÏDES

Une substance azotée présente avec les réactifs colorés une réaction alcaline, donne les réactions spéciales indiquées p. 261 à 265, on pourra considérer cette substance comme un alcaloïde. Les conditions de l'obtention de cette substance suffisent pour permettre de supposer exactement ce qu'est le composé examiné.

Mais avant d'attribuer à un corps, extrait des végétaux ou de l'organisme animal, la fonction alcaloïdique, on doit toujours faire les essais suivants:

1° Constatation de l'azote. — On doit avant tout constater la présence de l'azote. Voyez les méthodes indiquées, p. 15.

2° Examen de l'alcalinité. — Presque tous les alcalis, ou les corps considérés comme tels, à l'état libre, bleuissent le papier de tournesol rougi. — Comme il existe certains corps rangés dans les alcalis, qui ne possèdent pas cette propriété, ce caractère ne saurait être absolu. Cependant, nous croyons devoir lui attribuer une importance fondamentale, et élever des doutes sur la fonction alcaline attribuée à certains corps azotés non alcalins au tournesol.

Quand on examine l'alcalinité d'une substance, il faut essayer, pour la faire agir sur le papier coloré, de la dissoudre dans un dissolvant approprié ; on peut opérer de la façon suivante : le produit examiné est déposé sur le papier réactif sec, on le touche avec une baguette imprégnée d'eau, d'alcool, d'éther, de chloroforme, etc... on laisse évaporer le dissolvant et on examine sur les bords de la partie mouillée par le dissolvant si la coloration du papier a été altérée.

3° Formation de sels. — On devra dans la plupart des cas, pour purifier les alcalis, les transformer en sels et de préférence en chlorhydrates. On purifie ces sels par plusieurs cristallisations. — On peut appliquer au chlorhydrate les réactions analytiques des alcalis connus et identifier aussi l'alcali ou l'étudier plus soigneusement si on se trouve en présence d'un nouvel alcaloïde.

4° Réactifs généraux des corps alcaloïdiques. — Ces réactifs sont très nombreux. Les principaux sont :

Tannin. — La solution aqueuse de tannin est employée comme réactif ; elle précipite certains alcaloïdes.

Iodure de potassium iodé. — Précipité dont la couleur varie du jaune au brun. — Réaction peu sensible pour certains alcalis, d'une sensibilité très grande pour d'autres.

Réactif de Mayer. — On prépare ce réactif en faisant dissoudre 13 gr. 51 de bichlorure de mercure dans une solution de 49 gr. 80 d'iodure de potassium dans un litre d'eau.

Iodure double de bismuth et de plomb. — Ce réactif, indiqué par Dragendorff, donne des précipités avec les alcaloïdes en solution légèrement acidifiée par l'acide sulfurique.

Il est très sensible si on évite la présence d'alcool, d'éther, et d'alcool amylique.

On le prépare en faisant dissoudre l'iodure de bismuth à chaud dans une solution concentrée d'iodure de potassium. D'après Mangini, on peut encore le préparer comme il suit :

On mélange 3 p. d'iodure de potassium, 16 p. d'iodure de bismuth Bi I³ et 3 p. d'acide chlorhydrique. — Ce réactif n'est pas troublé par l'eau. Sa sensibilité est très grande. (Mangini, *Gazetta chimica italiana*, 1882, t. CLV, p. 12.)

Iodure double de cadmium et de potassium. — Ce réactif indiqué par Marmé donne dans les solutions, même étendues, des alcaloïdes, des précipités solubles dans l'alcool.

Chlorure de platine. — La solution concentrée

de chlorure de platine précipite la plupart des dis
solutions alcaloïdiques. Il vaut mieux opérer sur
des solutions peu étendues, car les chloroplatinates
formés sont parfois assez solubles.

Il est bon, quand on le peut, de recueillir
quelques décigrammes du chloroplatinate formé et
de doser le platine, ce qui donne un renseignement
utile au point de vue du poids moléculaire de l'alcali.

Chlorure d'or. — Les chloroaurates qu'il forme
.sont moins stables que les chloroplatinates; son
emploi rend.cependant parfois service.

Sublimé corrosif. — Il donne en général des précipités blancs.

Phosphomolybdate de soude. — On doit verser le
réactif dans la solution de l'alcaloïde acidifiée
légèrement par l'acide chlorhydrique. — On examinera si l'ammoniaque dissout le produit et avec
quelle coloration.

Pour préparer ce réactif on précipite la solution nitrique de molybdate d'ammoniaque par le
phosphate de soude ; le précipité, lavé, séché, est
débarrassé de l'ammoniaque qu'il renferme en
excès par calcination. On reprend par l'eau, on
ajoute un peu d'acide nitrique.

Acide métatungstique. — Ce réactif se comporte à peu près comme le précédent.

Réactif de Schultze. — Il se prépare en ajoutant 10 p. de perchlorure d'antimoine à une solution de 30 p. de phosphate de soude. L'alcaloïde doit être en solution sulfurique un peu acide.

Recherche d'un alcali organique.

On applique, pour rechercher un alcali organique, un procédé qui se rapproche en principe de la méthode toxicologique de Stas et de ses nombreuses modifications.

Il importe d'obtenir, non une grande quantité du corps alcaloïdique, mais d'obtenir ce corps dans l'état de la plus grande pureté.

Des recherches sur une quantité relativement petite d'alcali pur donnent un résultat, tandis que des travaux sur un alcali imparfaitement purifié ne donnent aucun résultat, ou conduisent à l'erreur.

Une confusion entre un alcali naturel et un alcali de putréfaction, pourrait judiciairement avoir des conséquences terribles. Cette confusion est-elle possible? D'après M. Gautier : « Il n'y a « jamais identité ni de composition, ni de pro- « priétés, et désormais un chimiste expérimenté « ne pourra plus s'y tromper. » (Notice déjà citée.)

Préparation des sels et en particulier du chloroplatinate.

Quand on prépare un sel d'alcali naturel, il faut éviter l'action prolongée de l'air et l'action de la chaleur. Il est vrai que certains alcalis supportent sans trop d'inconvénient une température de 60 à 70°, mais en règle générale, il ne faut pas dépasser 40°, et pour être sûr d'éviter toute cause d'altération, il est préférable d'évaporer à froid dans le vide.

Le chloroplatinate étant le sel le plus important pour la détermination de la molécule de l'alcali, examinons en particulier sa préparation.

On forme d'abord le chlorhydrate de l'alcaloïde, on le dissout dans l'eau aiguisée de quelques gouttes d'acide chlorhydrique et on y .verse une solution de chlorure de platine assez concentrée. Il se forme généralement un précipité, on le recueille et on se débarrasse de l'excès de platine par un lavage rapide du chloroplatinate sur un filtre à succion.

Le plus généralement, les dissolutions de chlorhydrate de l'alcaloïde et de chlorure de platine doivent être assez concentrées, mais on a quelquefois avantage à les employer plus étendues; car en solutions concentrées, certains alcaloïdes donnent des produits visqueux qui entraînent des impuretés.

Quand on le peut, il faut toujours faire cristalliser les chloroplatinates, en évitant cependant le contact prolongé des chloroplatinates avec l'eau vers 100°, un assez grand nombre de chloroplatinates pouvant être altérées dans ces conditions. La cristallisation du chloroplatinate réussit parfois très bien dans l'alcool absolu chargé de gaz chlorhydrique.

Les chloroplatinates peuvent encore être préparés en mettant le chlorure de platine en contact avec un sel autre que le chlorhydrate, si on ne possède pas assez de produit pour extraire facilement l'alcaloïde et le transformer en chlorhydrate.

Dans ce dernier cas, on dissout le sel dans l'eau; on acidifie par l'acide chlorhydrique, on ajoute le chlorure de platine et on laisse déposer le chloroplatinate dans un endroit chauffé vers 30 à 40°.

Cette méthode est moins recommandable que la première.

Il faut se souvenir que le chlorure de platine en présence de l'eau peut agir comme oxydant.

DÉTERMINATION DE LA FORMULE D'UN ALCALI NATUREL

On doit faire la combustion de l'alcali à l'état de pureté. La combustion de l'alcali libre donne parfois un chiffre trop fort pour l'hydrogène, trop faible pour le carbone, ce qui tient à ce que certains de ces corps perdent difficilement l'eau, même au bout d'un temps très long dans l'exsiccateur. Il est préférable souvent d'analyser les sels.

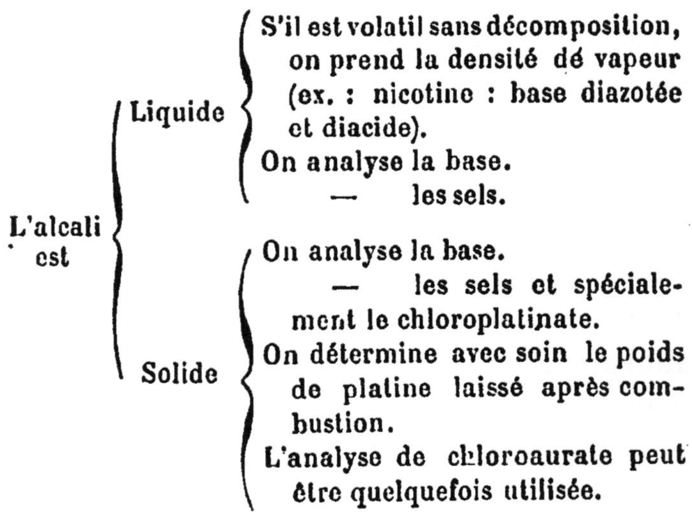

Classification des alcalis naturels.

Une classification des alcalis naturels, basée sur leur origine n'a rien de rationnel.

Une classification, basée sur le nombre d'atomes d'azote contenu dans leurs molécules n'a pas plus sa raison d'être.

Au point de vue de la basicité, un seul fait se présente avec un caractère général : un alcaloïde naturel monoazoté est monoacide.

Au contraire, un alcali diazoté peut être monoacide ou diacide.

Les alcalis naturels sont des corps à fonction complexe ; il est cependant toujours utile de les rapprocher des amines.

Un alcali naturel monoazoté et tertiaire, soit A, avec un iodure alcoolique donnera

$$A + RI = A\!\!<^R_I$$

Un alcali diazoté et diacide doit pouvoir fixer deux iodures alcooliques : c'est ainsi que d'après Skraut la quinine donne

$$Q + 2\,RI = Q\!\!<^{^R}_{_{I}}{}^{R}_{I}$$

De même le bromure d'éthylène (éq.) $C^4\,H^4\,Br^2$, (at.) $C^2\,H^4\,Br^2$ doit pouvoir donner avec un alcali monoazoté et tertiaire un bromure de brométhylène de l'alcali

$$A + C^2\,H^4\,Br\,Br = A\!\!<^{C^2\,H^4\,Br}_{Br}$$

Cette réaction conforme à la théorie de Hofmann, est applicable aux amines artificielles de la série grasse, mais les amines aromatiques donnent les produits complexes.

D'après nos recherches personnelles, recherches inédites, les composés azotés qu'on a rapproché des alcalis naturels, mais qui sont des amides complexes comme la caféine sont sans action sur le bromure d'éthylène. Certains alcalis qui, par quelque propriété se rapprochent des alcalamides, donnent simplement des bromhydrates. Les alcalis naturels diazotés et diacides donnent également des bromhydrates, mais les alcalis naturels diazotés et monoacides examinés ont donné des bromures de brométhylène.

Rapport entre la basicité des alcalis naturels et le nombre d'équivalents ou d'atomes d'azote contenus dans leurs molécules.

L'équivalent et l'atome de l'azote se confondant, les conclusions auxquelles on arrive sont les mêmes, qu'on considère les équivalents ou qu'on se place au point de vue atomique. Comme il a été dit déjà : *un alcali naturel monoazoté est monoacide.*

Il n'y a point de règle générale à poser pour les alcalis di...poly...azotés. Nous revenons sur cette idée, exprimée déjà, car on ne saurait trop insister sur ce point que dans un alcali naturel polyazoté tout l'azote n'est point forcément de l'azote d'amine. Est-il facile de déterminer le rôle, la fonction de tout l'azote dans un alcali naturel? A cette question, on doit répondre : on ne peut tracer de règles à suivre en vue de dévoiler la constitution de ces corps; il faut les soumettre à des réactions spéciales, réactions qui devront autant que possible les dédoubler en composés plus simples et de constitution connue.

Finalement, on devra recourir aux expériences synthétiques.

CHAPITRE IX

CORPS A FONCTIONS COMPLEXES

Les notions exposées dans ce livre sont uniquement des notions élémentaires; on doit donc renoncer à parler des corps à fonctions complexes. Leur étude ne se prête point, du reste, à des règles simples.

On pourrait dire que théoriquement *il suffit d'appliquer à un corps à fonction complexe la série des réactions propres à chaque fonction.* Cet énoncé est vrai, mais on se tromperait étrangement en pensant arriver à un résultat certain et complet, armé de cette seule donnée générale.

Dans l'étude de corps à fonction complexe il faut surtout une longue série de recherches préalables. L'opérateur bénéficie alors de son expérience, acquise au prix de nombreux travaux antérieurs, et appliquant le principe indiqué plus haut il arrive à la solution des problèmes plus ou moins complexes que l'arrangement des combinaisons du carbone peut lui présenter à résoudre.

———

TABLE DES MATIÈRES

PREMIÈRE PARTIE

CHAPITRE PREMIER

CHAPITRE II

CHAPITRE III

CHAPITRE IV

CHAPITRE V

DEUXIÈME PARTIE

DÉTERMINATION DES FONCTIONS CHIMIQUES

CHAPITRE PREMIER

CHAPITRE II

CHAPITRE V

CHAPITRE VI

CHAPITRE VII

CHAPITRE VIII

CHAPITRE IX

TABLE ALPHABÉTIQUE

A LA MÊME LIBRAIRIE

BARDET (G.). — **Traité élémentaire et pratique d'électricité médicale** avec une préface de M. le prof. C.-M. Gariel, 1 beau vol. in-8 de 640 pages, avec 250 figures dans le texte.......................... 10 fr.

BARÉTY (A.), ancien interne des hôpitaux de Paris. — **Le Magnétisme animal,** étudié sous le nom de force neurique rayonnante et circulante, dans ses propriétés physiques, physiologiques et thérapeutiques. Un vol. gr. in-8 de 640 pages avec 82 figures.. 14 fr.

BERNHEIM, professeur à la Faculté de médecine de Nancy. — **De la suggestion et de ses applications à la thérapeutique.** Un vol in-18 cartonné diamant de 650 pages avec figures dans le texte, 2ᵉ édit. ... 7 fr.

BOUDET DE PARIS, ancien interne des hôpitaux de Paris. — **Électricité médicale.** Études électrophysiologiques et cliniques 1 vol. gr. in-8 de 600 pages, avec de nombreuses figures dans le texte. Cet ouvrage paraîtra en 3 fascicules. Le 1ᵉʳ fascicule est en vente, il forme 100 pages............ 3 fr.

Le 2ᵉ et le 3ᵉ fascicule paraîtront en 1887.

BOUDET-DE PARIS. — **La Photographie sans appareils** pour la reproduction des dessins, gravures, photographies et objets plans quelconques, in-8 avec 10 planches hors texte en héliogravure.................... 3 fr. 50

GARIEL (C.-M), professeur à la Faculté de médecine de Paris, membre de l'Académie de médecine, ingénieur en chef des Ponts et Chaussées. — **Traité pratique d'électricité,** comprenant les applications aux *Sciences* et à l'*Industrie* et notamment à la *Télégraphie,* à l'*Éclairage électrique,* à la *Galvanoplastie,* à la *Physiologie,* à la *Médecine,* à la *Météorologie,* etc., etc. 2 beaux volumes grand in-8 formant 1000 pages avec 600 figures dans le texte. Ouvrage complet... 24 fr.

GIBIER (P.). — **Le Spiritisme** (Fakirisme occidental), 1 vol. in-18 de 400 pages avec figures... 4 fr.

GRAHAM (professeur). — **La chimie de la panification,** traduit de l'anglais. 1 vol. in-18... 2 fr.

HÉTET, pharmacien en chef de la marine, professeur de chimie à l'École de médecine navale de Brest. — **Manuel de chimie organique** avec ses applications à la médecine, à l'hygiène et à la toxicologie. 1 vol. in-18, de 880 pages, avec 50 figures dans le texte. Broché, 8 fr. — Cartonné... 9 fr.

JAGNAUX (R.), professeur de chimie à l'Association philotechnique, membre de la Société Minéralogique de France, et de la Société des ingénieurs civils, etc. — **Traité de chimie générale analytique et appliquée,** 4 vol. grand in-8 formant 2400 pages avec 800 figures dans le texte, et deux planches en couleur, hors texte.. 48 fr.

JAGNAUX (R.). — **Traité pratique d'analyses chimiques et d'essais industriels,** méthodes nouvelles pour le dosage des substances minérales, minerais, métaux, alliages et produits d'art, à l'usage des ingénieurs, des chimistes, des métallurgistes, etc. 1 vol in-18 de 500 pages avec figures.. 6 fr.

OCHOROWICZ (J.), ancien professeur agrégé à l'Université de Lemberg. — **La Suggestion mentale,** 1 vol. in-18 Jésus, de 500 pages.......... 5 fr.

YUNG (Émile), Privat-Docent à l'Université de Genève. — **Le Sommeil normal et le Sommeil pathologique,** magnétisme animal, hypnotisme, névrose hystérique. 1 vol. in-18................................... 2 fr. 50

ÉVREUX, IMPRIMERIE DE CHARLES HÉRISSEY